盐碱地适用性植物

任全进　周瑞荣　刘　磊　滕孝名　著
邱永洁　于金平　王淑安

东南大学出版社
SOUTHEAST UNIVERSITY PRESS
·南京·

内 容 提 要

本专著系统地介绍了可在我国受土壤盐碱化影响的广袤的国土上进行适应性栽种的植物种类。专著编写的特点是每种植物均附有中文名、拉丁名，并对其形态特征、生长习性、绿化应用、观赏特性、经济价值进行了概述。本专著是作者在多年的工作实践基础上而编写的，该书内容简洁、图文并茂，为当前盐碱地深度开发利用及适用性植物的种植栽培提供了重要的参考，对今后盐碱地适用性植物的栽培也具有重要的指导意义。

图书在版编目（CIP）数据

盐碱地适用性植物 / 任全进等著 . — 南京：东南

大学出版社，2021.12

ISBN 978-7-5641-9942-5

Ⅰ . ①盐… Ⅱ . ①任… Ⅲ . ①盐碱地 – 植物 – 研究

Ⅳ . ① S287

中国版本图书馆 CIP 数据核字（2021）第 261308 号

责任编辑：陈 跃 封面设计：顾晓阳 责任印制：周荣虎

盐碱地适用性植物

Yanjiandi Shiyongxing Zhiwu

著 者：	任全进 周瑞荣 刘 磊 滕孝名 邱永洁 于金平 王淑安
出版发行：	东南大学出版社
社 址：	南京市四牌楼 2 号 邮 编：210096 电 话：025-83793330
网 址：	http://www.seupress.com
电子邮件：	press@seupress.com
经 销：	全国各地新华书店
印 刷：	合肥精艺印刷有限公司
开 本：	787 mm × 1092 mm 1/16
印 张：	13.75
字 数：	326 千
版 次：	2021年12月第 1 版
印 次：	2021年12月第 1 次印刷
书 号：	ISBN 978-7-5641-9942-5
定 价：	180.00元

本社图书若有印装质量问题，请直接与营销部联系。电话（传真）：025-83791830

前　言

　　我国是受土壤盐碱化影响最严重的国家之一。据估计，目前我国广阔土地就包含各类盐碱地约 1 亿公顷。随着经济的快速发展，国人对环境品质的认识更加深刻，对盐碱地这种极其恶劣的生态环境进行治理，已成为我国国土整治和生态修复的重点。

　　近年来，在众多盐碱土壤治理措施中，通过选择栽培适宜的耐盐碱植物进行盐碱地生态改良被公认为是绿色、经济且最有效的途径之一。本书作者多年从事植物研究及盐碱地绿化工作，近年来结合连云港沿海开发绿化建设所需，在对连云港沿海盐碱地原生植物进行科学调查的基础上，结合引种试验筛选适合不同盐碱地类型的绿化植物种类，丰富盐碱地绿化植物种类，从而提升绿化景观水平。盐碱地植被是陆地生态系统物种资源的重要组成部分，对盐碱地生态恢复和盐碱土生物改良具有十分重要的作用。科学认知耐盐碱植物，合理利用其遏制土地盐泽化，是治理盐碱地及保护生态环境的需要。此外，多种盐碱地植物还可以作为蔬菜、饲料、油料、药材等可再开发利用的资源，对其进行深度开发利用可以为我们解决农业、资源和生态问题提供新的途径。

　　本书从植物生态特性、观赏用途及经济价值等多方面进行简单阐述，图文并茂，为生产一线的技术人员、绿化工作者、盐碱地开发工作从业者及植物学、生态学等爱好者提供参考。由于作者水平有限，书中的不足和不妥之处在所难免，恳请各位同行及读者批评指正。

任全进

江苏省中国科学院植物研究所

2021 年 9 月 25 日

目 录

白皮松 / 001

黑松 / 002

水杉 / 003

中山杉 / 004

龙柏 / 005

侧柏 / 006

罗汉松 / 007

银白杨 / 008

毛白杨 / 009

垂柳 / 010

旱柳 / 011

馒头柳 / 012

美国竹柳 / 013

雪柳 / 014

柽柳 / 015

美国山核桃 / 016

胡桃 / 017

枫杨 / 018

弗吉尼亚栎 / 019

糙叶树 / 020

珊瑚朴 / 021

朴树 / 022

圆冠榆 / 023

榔榆 / 024

榆树 / 025

金叶榆 / 026

垂枝榆 / 027

榉树 / 028

构树 / 029

柘 / 030

桑 / 031

杜仲 / 032

二球悬铃木 / 033

贵州石楠 / 034

榆叶梅 / 035

杏 / 036

山楂 / 037

枇杷 / 038

垂丝海棠 / 039

美人梅 / 040

杜梨 / 041

豆梨 / 042

合欢 / 043

黄檀 / 044

皂荚 / 045

山皂荚 / 046

刺槐 / 047

香花槐 / 048

槐 / 049

金枝槐 / 050

臭椿 / 051

千头椿 / 052

香椿 / 053

楝 / 054

乌桕 / 055

黄连木 / 056

火炬树 / 057

盐肤木 / 058

冬青 / 059

大别山冬青 / 060

白杜 / 061

三角槭 / 062

五角槭 / 063

鸡爪槭 / 064

七叶树 / 065

栾树 / 066

无患子 / 067

沙枣 / 068

石榴 / 069

光皮梾木 / 070

柿 / 071

白蜡树 / 072

美国白梣 / 073

金枝白蜡 / 074

女贞 / 075

小蜡 / 076

银姬小蜡 / 077

白花泡桐 / 078

楸 / 079

梓 / 080

黄金树 / 081

金镶玉竹 / 082

铺地柏 / 083

彩叶杞柳 / 084

紫叶小檗 / 085

蜡梅 / 086

溲疏 / 087

海桐 / 088

菊花桃 / 089

毛叶木瓜 / 090

日本木瓜 / 091

石楠 / 092

红叶石楠 / 093

月季花 / 094

玫瑰 / 095

黄刺玫 / 096

紫穗槐 / 097

多花木蓝 / 098

截叶铁扫帚 / 099

多花胡枝子 / 100

美丽胡枝子 / 101

大叶黄杨 / 102

枸骨 / 103

无刺枸骨 / 104

卫矛 / 105

冬青卫茅 / 106

文冠果 / 107

酸枣 / 108

海滨木槿 / 109

木芙蓉 / 110

木槿 / 111

大叶胡颓子 / 112

杂种胡颓子 / 113

金边胡颓子 / 114

紫薇 / 115

金钟花 / 116

金森女贞 / 117

流苏树 / 118

紫丁香 / 119

大叶醉鱼草 / 120

夹竹桃 / 121

杠柳 / 122

海州常山 / 123

单叶蔓荆 / 124

金叶莸 / 125

枸杞 / 126

金银忍冬 / 127

锦带花 / 128

紫叶锦带花 / 129

金叶锦带花 / 130

凤尾丝兰 / 131

紫藤 / 132

扶芳藤 / 133

地锦 / 134

五叶地锦 / 135

鹅绒藤 / 136

络石 / 137

花叶络石 / 138

萝藦 / 139

忍冬 / 140

凌霄 / 141

地肤 / 142

碱蓬 / 143

肥皂草 / 144

耧斗菜 / 145

大叶铁线莲 / 146

八宝 / 147

费菜 / 148

地榆 / 149

蜀葵 / 150

大花秋葵 / 151

红秋葵 / 152

千屈菜 / 153

月见草 / 154

美丽月见草 / 155

山桃草 / 156

紫叶山桃草 / 157

二色补血草 / 158

罗布麻 / 159

砂引草 / 160

柳叶马鞭草 / 161

地笋 / 162

薄荷 / 163

留兰香 / 164

假龙头花 / 165

蓝花鼠尾草 / 166

深蓝鼠尾草 / 167

丹参 / 168

天蓝鼠尾草 / 169

接骨草 / 170

桔梗 / 171

云南蓍 / 172

花叶艾 / 173

大花金鸡菊 / 174

松果菊 / 175

宿根天人菊 / 176

菊芋 / 177

蛇鞭菊 / 178

大头金光菊 / 179

串叶松香草 / 180

碱菀 / 181

芦竹 / 182

变叶芦竹 / 183

蒲苇 / 184

矮蒲苇 / 185

狗牙根 / 186

日本血草 / 187

细叶芒 / 188

花叶芒 / 189

斑叶芒 / 190

狼尾草 / 191

芦苇 / 192

结缕草 / 193

鸭跖草 / 194

无毛紫露草 / 195

金娃娃萱草 / 196

大花萱草 / 197

火炬花 / 198

百子莲 / 199

中国石蒜 / 200

长筒石蒜 / 201

石蒜 / 202

德国鸢尾 / 203

喜盐鸢尾 / 204

马蔺 / 205

黄菖蒲 / 206

鸢尾 / 207

形态特征：常绿乔木，高达30米。幼树树皮光滑，灰绿色，长大后树皮裂成不规则的薄块片脱落，老则树皮呈淡褐灰色或灰白色，白褐相间呈斑鳞状。花期4—5月，球果第二年10—11月成熟。

生长习性：喜光树种，耐瘠薄土壤及较干冷的气候。

绿化应用：可以孤植、对植，也可丛植成林或作行道树，均能获得良好效果。

观赏特性：树姿优美，树皮奇特。

经济价值：木材供建筑，制作家具、文具等用；种子可食。

Pinus bungeana 白皮松 松科松属

黑松 松科松属

Pinus thunbergii

形态特征：乔木，高达 30 米。树冠宽圆锥状或伞形。针叶 2 针一束。雄球花淡红褐色，雌球花淡紫红色或淡褐红色。球果成熟前绿色，熟时褐色，圆锥状卵圆形或卵圆形。花期 4—5 月，种子第二年 10 月成熟。

生长习性：喜光，耐干旱瘠薄，不耐水涝。

绿化应用：孤立栽植或者片植，适合作造型木，与其他植物搭配造景。

观赏特性：枝干横展，树冠如伞盖，针叶浓绿，四季常青，树姿古雅，可终年欣赏。

经济价值：供建筑，制造农具、器具及家具等用；可用以采脂；树皮、针叶、树根等可综合利用；种子可榨油；可采收药用的松花粉、松节、松针及提取松节油。

水杉 杉科水杉属

Metasequoia glyptostroboides

形态特征：落叶乔木。小枝对生，下垂。叶线形，交互对生，假二列，呈羽状复叶状。球果下垂，近四棱状球形或矩圆状球形。花期2月下旬，球果11月成熟。

生长习性：喜温暖湿润气候。

绿化应用：可丛植、片植，用于堤岸、湖滨、池畔、庭院等绿化。

观赏特性：秋季叶片变为棕红色，色叶期长，树形优美。

经济价值：材质轻软，可供建筑、板料、造纸等用。

中山杉 杉科落羽杉属

Taxodium `Zhongshanshan`

形态特征：落叶乔木。树冠以圆锥形和伞状卵形为主。树叶呈条形，互相伴生，叶子较小。雌、雄球花为孢子叶球，异花同株。球果圆形或卵圆形，有短梗，向下垂。种子为不规则的三角形或多边形，皮质较厚。花期4月下旬，球果成熟期10月。

生长习性：耐盐碱，耐水湿。

绿化应用：孤植、列植、丛植、片植，适宜作行道树。

观赏特性：树形优美，形如宝塔；叶色墨绿，秋季叶色变红，十分美观。

经济价值：材质轻软，可供建筑、板料、造纸等用。

龙柏 柏科刺柏属

Juniperus chinensis 'Kaizuca'

形态特征：常绿乔木。树冠圆柱状或柱状塔形。小枝密，在枝端呈几等长之密簇；鳞叶排列紧密，幼嫩时淡黄绿色，后呈翠绿色；球果蓝色，微被白粉。

生长习性：喜阳，稍耐阴，喜温暖、湿润环境，抗寒，抗干旱，忌积水，较耐盐碱。

绿化应用：常作绿篱，适合作行道树或与其他植物搭配造景。

观赏特性：树形优美，枝叶碧绿青翠。

经济价值：木材供建筑、制家具等用。

侧柏 柏科侧柏属

Platycladus orientalis

形态特征：乔木，高达 20 余米。叶鳞形。雄球花黄色。雌球花近球形，蓝绿色，被白粉。球果近卵圆形。花期 3—4 月，球果10 月成熟。

生长习性：喜光，耐寒，耐旱，在轻盐碱土壤中均可生长。

绿化应用：常作绿篱，适合作行道树或与其他植物搭配造景。

观赏特性：常绿，叶鳞形，芳香。

经济价值：可作建筑和家具等用材；叶和枝入药。

Podocarpus macrophyllus **罗汉松** 罗汉松科罗汉松属

形态特征：小乔木。树皮呈薄片状脱落；枝开展，较密。叶条状披针形，微弯，有光泽。雄球花穗状，3~5个簇生于叶腋；雌球花单生叶腋。花期4—5月，种子8—9月成熟。

生长习性：喜温暖湿润气候，耐寒，耐阴。对土壤适应性强，盐碱土上亦能生存。

绿化应用：孤立栽植或者片植，适合作造型木，与其他植物搭配造景。

观赏特性：四季常绿，树姿秀雅葱翠。

经济价值：材质细致均匀。可制作家具、器具、文具及农具等。

形态特征：高大落叶乔木，高 15~30 米。树冠宽阔。树皮白色至灰白色，平滑，下部常粗糙。小枝初被白色绒毛。蒴果细圆锥形，无毛。花期 4—5 月，果期 5—6 月。

生长习性：喜光，耐寒。

绿化应用：孤立栽植或者片植，适合作行道树。

观赏特性：叶片背面银白色，随风起银色波浪。

经济价值：供建筑、家具、造纸等用；树皮可制栲胶；叶磨碎可驱臭虫。

Populus alba

银白杨 杨柳科杨属

毛白杨 杨柳科杨属

Populus tomentosa

形态特征：落叶大乔木，高达30米。树皮幼时暗灰色，壮时灰绿色，渐变为灰白色，老时基部黑灰色，纵裂，粗糙；树冠圆锥形至卵圆形或圆形。蒴果圆锥形或长卵形。花期3—4月，果期4—5月。

生长习性：深根性，耐旱力较强，在黏土、壤土、沙壤土或低湿轻度盐碱土上均能生长。

绿化应用：孤立栽植或者片植，适合作行道树。

观赏特性：树干通直挺拔，枝叶茂密，树皮白色，皮孔显著，可观干。

经济价值：速生用材林。

垂柳 杨柳科柳属 *Salix babylonica*

形态特征：落叶乔木，高达 10 余米。叶狭披针形或线状披针形。花期 3—4 月，果期 4—5 月。

生长习性：喜光，较耐寒，特耐水湿。

绿化应用：可作庭荫树、行道树、公路树。

观赏特性：枝条长而下垂，灵动飘逸。

经济价值：嫩叶可以代茶饮；柳枝可以用于编制等。

Salix matsudana 旱柳 杨柳科柳属

形态特征：落叶乔木，高达 18 米。树冠广圆形；树皮暗灰黑色，有裂沟。叶披针形，先端长渐尖。花序与叶同时开放。花期 4 月，果期 4—5 月。

生长习性：喜光，耐寒，抗风能力强。

绿化应用：河湖岸边或孤植于草坪，对植于建筑两旁。亦用作公路树、防护林及沙荒造林，农村"四旁"绿化等。

观赏特性：树冠圆形、丰满，枝条柔软。

经济价值：木材供建筑、农具、造纸等用；枝条可编筐；可以药用。

馒头柳 杨柳科柳属

Salix matsudana f. umbraculifera

形态特征：乔木，高达 10 余米。树皮暗灰黑色。叶披针形。花序与叶同时生出；雄花序圆柱形。花期 4 月，果期 4—5 月。

生长习性：喜温凉气候，耐寒，耐湿，耐旱，耐盐碱，耐污染，速生，适应性强。

绿化应用：作庭荫树、行道树、护岸树，亦用作公路树、防护林、用材林、沙荒造林、"四旁"绿化等。

观赏特性：树冠圆整丰满，树形优美，枝条柔软。

经济价值：干、枝、叶是良好的饲料来源。

美国竹柳 杨柳科柳属

Salix matsudana `Zhuliu`

形态特征：落叶乔木。树皮幼时绿色，光滑。叶披针形，单叶互生；叶片先端长渐尖，基部楔形，边缘有明显的细锯齿；叶片正面绿色，背面灰白色；叶柄微红、较短。

生长习性：喜光，耐寒，喜水湿，不耐干旱，对土壤要求不严。

绿化应用：孤立栽植或者片植，适合作造型木，与其他植物搭配造景。

观赏特性：树冠塔形，分枝均匀，观赏效果较好。

经济价值：工业原料林、中小径材。

雪柳 木樨科雪柳属

Fontanesia phillyreoides subsp. *fortunei*

形态特征：落叶灌木或小乔木，高达8米。叶片纸质，披针形、卵状披针形或狭卵形。圆锥花序顶生或腋生。花期4—6月，果期6—10月。

生长习性：喜光，稍耐阴，耐寒，耐旱，耐瘠薄。

绿化应用：丛植于池畔、坡地、路旁，亦栽培作绿篱。

观赏特性：叶形似柳，开花季节白花满枝，犹如覆雪。

经济价值：嫩叶可代茶；枝条可编筐；茎皮可制人造棉；根可治脚气。

柽柳 柽柳科柽柳属

Tamarix chinensis

形态特征：落叶乔木或灌木。老枝直立，暗褐红色，光亮，幼枝稠密细弱，常开展而下垂，红紫色或暗紫红色，嫩枝繁密纤细，悬垂。圆锥花序。花期4—9月。

生长习性：喜光树种，耐烈日曝晒，耐干又耐水湿，抗风又耐盐碱。

绿化应用：适于在水滨、池畔、桥头、河岸、堤防栽植。

观赏特性：枝条细柔，姿态婆娑，开花如红蓼，颇为美观。

经济价值：细枝编筐，坚实耐用，枝亦可编糖和农具柄把；嫩枝叶可以药用。

美国山核桃 胡桃科山核桃属

Carya illinoinensis

形态特征：落叶大乔木，高可达 50 米。小枝被柔毛。奇数羽状复叶，叶柄及叶轴初被柔毛；小叶具极短的小叶柄，顶端渐尖，边缘具单锯齿或重锯齿。雄性荑黄花序 3 条一束，雌性穗状花序直立。果实矩圆状或长椭圆形。5 月开花，9—11 月果成熟。

生长习性：喜温暖湿润气候。

绿化应用：优良的行道树和庭荫树，适宜栽植在河流沿岸、湖泊周围，在平原地区作"四旁"绿化树种。

观赏特性：树体高大，根深叶茂，树姿雄伟壮丽。色叶树种，秋季叶色为黄色。

经济价值：干果可食用或作榨油的原料；木材是制作家具的优良材料。

Juglans regia **胡桃** 胡桃科胡桃属

形态特征：落叶乔木，高达 25 米。树皮幼时灰绿色，老时则灰白色而纵向浅裂。奇数羽状复叶。雄性葇荑花序下垂，雌性穗状花序常具 1~3 雌花。果实近于球状。花期 5 月，果期 10 月。

生长习性：喜光，喜温凉气候，较耐干冷。

绿化应用：叶大荫浓，且有清香，可用作庭荫树及行道树。

观赏特性：树冠大而圆润；色叶树种，秋季叶色为黄色。

经济价值：种仁含油量高，可生食，亦可榨油食用；木材坚实，是很好的硬木材料。

枫杨 胡桃科枫杨属 *Pterocarya stenoptera*

形态特征：落叶乔木，高达30米。幼树树皮平滑，浅灰色，老时则深纵裂；小枝灰色至暗褐色。叶多为偶数或稀奇数羽状复叶。花期4—5月，果熟期8—9月。

生长习性：喜光树种，不耐阴，耐湿性强。

绿化应用：树冠广展，枝叶茂密，生长快速，根系发达，为河床两岸低洼湿地的良好绿化树种。可孤植、片植，适合作行道树。

观赏特性：色叶树种，秋季叶色为黄色。

经济价值：作建筑、桥梁、家具、农具以及人造棉原料；树皮煎水可入药，可作杀虫剂。

形态特征：常绿乔木。单叶互生，椭圆状倒卵形，全缘或刺状，新叶黄绿渐转略带红色，老叶暗绿。嫩枝树皮由黄绿转暗红，老枝灰白。

生长习性：适应性与抗逆性强，耐盐碱，耐瘠薄，较耐水湿，抗风。

绿化应用：孤立栽植或者片植，适合作行道树。

观赏特性：常绿，冠型丰满，叶小而亮丽。

经济价值：木材可制作家具等。

Quercus virginiana

弗吉尼亚栎 壳斗科栎属

糙叶树 榆科糙叶树属 *Aphananthe aspera*

形态特征：落叶乔木，高达 25 米。树皮褐色或灰褐色，有灰色斑纹，纵裂，粗糙，当年生枝黄绿色。核果近球形、椭圆形或卵状球形。花期3—5月，果期8—10月。

生长习性：喜光也耐阴，喜温暖湿润的气候。

绿化应用：树冠广展，苍劲挺拔，枝叶茂密，浓荫盖地，是良好的"四旁"绿化树种。

观赏特性：色叶树种，秋季叶色为黄色。

经济价值：茎皮可制纤维；叶作土农药，治棉蚜虫；木材坚实耐用，可制农具。

形态特征：落叶乔木，高达30米。树皮淡灰色至深灰色；果椭圆形至近球形，金黄色至橙黄色。花期3—4月，果期9—10月。

生长习性：喜光，稍耐阴，喜温暖气候及湿润、肥沃土壤，耐干旱和瘠薄，对土壤要求不严。

绿化应用：工厂绿化、"四旁"绿化树种，适合作行道树。

观赏特性：叶茂荫浓，秋季叶色为黄色。

经济价值：作家具、农具、建筑、薪炭用材；其树皮含纤维，可作人造棉、纸张等的原料；果核可榨油，供制肥皂、润滑油用。

Celtis julianae

珊瑚朴 榆科朴属

朴树 榆科朴属

Celtis sinensis

形态特征：落叶乔木，高达20米。树皮平滑，灰色。一年生枝被密毛。叶互生，革质，宽卵形至狭卵形。花期4—5月，果期9—11月。

生长习性：喜光，稍耐阴，耐寒。

绿化应用：公园、庭院、街道、公路等作为绿荫树，是很好的绿化树种。

观赏特性：树冠圆满宽广、枝叶浓密繁茂，色叶树种，秋季叶色为黄色，是优良的观赏树木。

经济价值：茎皮为造纸和人造棉原料；果实榨油作润滑油；木材坚硬，可作工业用材；根、皮、叶入药。

圆冠榆　榆科榆属

Ulmus densa

形态特征：落叶乔木，枝条直伸至斜展，树冠近圆形。叶卵形，先端渐尖，花在上年生枝上排成簇状聚伞花序。翅果长圆状倒卵形、长圆形或长圆状椭圆形。花果期4—5月。

生长习性：喜光，耐寒，抗高温，适合在盐碱土上生长。

绿化应用：孤立栽植或者片植，适合作行道树。

观赏特性：主干端直，绿荫浓密，树形优美，秋季叶色为黄色。

经济价值：木材可供制作家具等。

榔榆 榆科榆属

Ulmus parvifolia

形态特征：落叶乔木，高达 25 米。树冠广圆形，树干基部有时有板状根，树皮灰色或灰褐色，裂成不规则鳞状薄片剥落。花果期 8—10 月。

生长习性：喜光，耐干旱，在中性及碱性土上均能生长。

绿化应用：庭院中孤植、丛植或与亭榭、山石配置都很合适，适合作行道树。

观赏特性：树形优美，姿态潇洒，树皮斑驳，枝叶细密，秋季叶色为黄色，是优良的色叶树木。

经济价值：木质坚硬，可供工业用材；茎皮纤维强韧，可制作绳索和人造纤维；根、皮、嫩叶可入药。

榆树 榆科榆属

Ulmus pumila

形态特征：落叶乔木，高达25米。幼树树皮平滑，灰褐色或浅灰色；大树树皮暗灰色，不规则深纵裂，粗糙。花果期3—6月。

生长习性：喜光，耐旱，耐寒，耐瘠薄，不择土壤，适应性很强。

绿化应用：树干通直，枝繁叶茂，适应性强，生长快，是城市绿化、营造防护林的重要树种。适合作行道树。

观赏特性：色叶树种，秋季叶色为黄色或棕色。

经济价值：树皮可制淀粉；嫩果、幼叶可食或作饲料；种子榨油；木材可制作家具、农具；果实、树皮和叶可入药。

金叶榆 榆科榆属

Ulmus pumila 'Jinye'

形态特征：落叶乔木。单叶互生，叶片卵状长椭圆形，金黄色，先端尖，基部稍歪，边缘有不规则单锯齿。叶腋排成簇状花序，翅果近圆形，种子位于翅果中部，3—4月开花，4—6月结果。

生长习性：喜光，耐寒，耐旱，能适应干凉气候。

绿化应用：树干通直，树形高大，叶色亮黄，是城乡绿化重要彩叶树种。

观赏特性：叶色亮黄，是优良的色叶树木。

经济价值：木材可作家具、农具、车辆、建筑等用材；幼叶、嫩果可食。

垂枝榆 榆科榆属

Ulmus pumila 'Tenue'

形态特征: 落叶乔木。树干上部的主干不明显,分枝较多,树冠伞形;树皮灰白色,较光滑。花先叶开放,3—6月开花结果。

生长习性: 喜光,抗干旱,耐盐碱,耐土壤瘠薄,耐旱,耐寒。

绿化应用: 孤立栽植或与其他植物搭配造景。

观赏特性: 枝条柔软、细长、下垂,树冠丰满,花先叶开放,观赏价值较高。

经济价值: 嫩果、幼叶可食或作饲料。

榉树 榆科榉属

Zelkova serrata

形态特征：乔木，高达 30 米。树皮灰白色或褐灰色，呈不规则片状剥落。叶薄纸质至厚纸质，大小、形状变异很大，卵形、椭圆形或卵状披针形，先端渐尖或尾状渐尖。花期 4 月，果期 9—11 月。

生长习性：喜光略耐阴。喜温暖气候和肥沃湿润的土壤，耐轻度盐碱。

绿化应用：孤立栽植或者片植，适合作行道树。

观赏特性：树姿端庄，高大雄伟，秋叶变成褐红色，是观赏秋叶的优良树种。

经济价值：作桥梁、家具用材；茎皮纤维制人造棉和绳索；树皮和叶供药用。

Broussonetia papyrifera **构树** 桑科构属

形态特征：落叶乔木，高 10~20 米。叶螺旋状排列，广卵形至长椭圆状卵形，先端渐尖，基部心形，两侧常不相等，边缘具粗锯齿。花雌雄异株；雄花序为柔荑花序，粗壮；雌花序球形头状，苞片棍棒状，顶端被毛。聚花果，成熟时橙红色。花期 4—5 月，果期 6—7 月。

生长习性：喜光，适应性强，耐干旱瘠薄，耐盐碱。

绿化应用：孤立栽植或者片植。

观赏特性：枝叶繁茂，秋叶色金黄。

经济价值：嫩叶可喂猪；果实与根可以入药。

柘 桑科柘属

Maclura tricuspidata

形态特征：落叶灌木或小乔木，高达7米。叶卵形或菱状卵形。雌雄异株，雌雄花序均为球形头状花序，单生或成对腋生。聚花果近球形，成熟时橘红色。花期5—6月，果期6—7月。

生长习性：喜光，耐阴，耐寒，耐干旱瘠薄，适生性强。

绿化应用：孤立栽植或者片植；适合作造型木，与其他植物搭配造景。

观赏特性：树形优美，果实奇特，观赏效果较好。

经济价值：茎皮纤维可以造纸；根皮药用；嫩叶可以养幼蚕；果可生食或酿酒；木材用于制弓，制作家具或作黄色染料。

形态特征：落叶乔木，高度可达15米。叶卵形或广卵形。花单性，腋生或生于芽鳞腋内，与叶同时生出；雄花序下垂。聚花果卵状椭圆形，成熟时红色或暗紫色。花期4—5月，果期5—8月。

生长习性：喜温暖湿润气候，稍耐阴，耐旱，不耐涝，耐瘠薄。对土壤的适应性强。

绿化应用：孤立栽植或者片植，适合作行道树。

观赏特性：树冠较大，遮阴效果好，秋叶色金黄。

经济价值：果可食用；木材可雕刻，制家具、乐器；树皮可以入药等。

Morus alba 桑 桑科桑属

杜仲 杜仲科杜仲属

Eucommia ulmoides

形态特征： 落叶乔木，高达 20 米，树皮灰褐色。叶椭圆形、卵形或矩圆形，薄革质。花生于当年枝基部。雄花无花被，雌花单生，苞片倒卵形。早春开花，秋后果实成熟。

生长习性： 喜温暖湿润气候和阳光充足的环境，能耐严寒。

绿化应用： 孤立栽植或者片植，适合作行道树。

观赏特性： 树冠丰满，树皮呈灰白色或灰褐色，叶子颜色又浓又绿，美观协调。

经济价值： 叶可制茶；木材可作家具、农具、舟车和建筑的材料；茎、叶、果可入药。

二球悬铃木 悬铃木科悬铃木属

Platanus acerifolia

形态特征：落叶大乔木，高 30 余米。树皮光滑，大片块状脱落；嫩枝密生灰黄色绒毛；老枝秃净，红褐色。叶阔卵形。花期 4—5 月，果熟 9—10 月。

生长习性：喜光，不耐阴，抗旱性强，较耐湿，喜温暖湿润气候。

绿化应用：孤立栽植或者片植，是优良的行道树种。

观赏特性：树干通直，树皮光滑，有斑纹，树冠丰满，叶大荫浓，夏季降温效果极为显著。

经济价值：叶可以作饲料。

贵州石楠 蔷薇科石楠属

Photinia bodinieri

形态特征：常绿乔木。叶片革质，卵形、倒卵形或长圆形。复伞房花序顶生，花瓣白色，近圆形。花期5月，果期9—10月。

生长习性：耐寒，耐阴，耐干旱。

绿化应用：丛植、片植及作行道树。

观赏特性：枝繁叶茂，春嫩叶绛红，初夏白花点点，秋末赤实累累，艳丽夺目。

经济价值：木材可制作农具。

榆叶梅 蔷薇科桃属

Amygdalus triloba

形态特征：灌木，稀小乔木，高2~3米。枝条开展，具多数短小枝；小枝灰色，一年生枝灰褐色，无毛或幼时微被短柔毛；冬芽短小，长2~3毫米。花单瓣至重瓣，紫红色，1~2朵生于叶腋。花期4月。核果红色，近球形，有毛。

生长习性：喜光，稍耐阴，耐寒，耐旱，略耐盐碱。

绿化应用：适宜种植在公园的草地、路边或庭院中的角落、水池等地。

观赏特性：花形、花色均极美观，各色花争相斗艳，景色宜人，是不可多得的园林绿化植物。

经济价值：种子有润燥、滑肠、下气、利水的功效；枝条治黄疸、小便不利。

杏 蔷薇科杏属

Armeniaca vulgaris

形态特征：落叶乔木，高达 12 米。树冠圆形。树皮灰褐色，纵裂；多年生枝浅褐色，皮孔大而横生，一年生枝浅红褐色。叶片宽卵形或圆卵形，先端急尖至短渐尖，基部圆形至近心形，叶边有圆钝锯齿。花单生。果实球形。花期3—4月，果期6—7月。

生长习性：喜光，耐旱，抗寒，抗风。

绿化应用：孤立栽植或者片植，与其他植物搭配造景。

观赏特性：花期早，花量大。

经济价值：果食用，种仁药用。

山楂 蔷薇科山楂属

Crataegus pinnatifida

形态特征：落叶乔木，高达6米。树皮粗糙，暗灰色或灰褐色。伞房花序具多花，白色。果实近球形或梨形。花期5—6月，果期9—10月。

生长习性：喜凉爽、湿润的环境，既耐寒又耐高温。

绿化应用：孤立栽植或者片植。

观赏特性：树冠丰满；花白色，花量大；秋季结果累累，经久不凋，颇为美观。

经济价值：果实可以食用，也可以入药。

枇杷 蔷薇科枇杷属

Eriobotrya japonica

形态特征：常绿小乔木，高可达 10 米；小枝粗壮，黄褐色，密生锈色或灰棕色绒毛。叶片革质，披针形、倒披针形、倒卵形或椭圆形。圆锥花序顶生，具多花，花瓣白色。果实球形或长圆形，黄色或橘黄色。花期 10—12 月，果期 5—6 月。

生长习性：喜阳光，喜温暖湿润气候。

绿化应用：孤立栽植或者片植。

观赏特性：常绿，叶片革质，深绿色，冠型圆满，树姿优美，花、果色泽艳丽。

经济价值：果可生食、做蜜饯和酿酒；叶供药用；木材可制作木梳、手杖、农具柄等。

垂丝海棠 蔷薇科苹果属

Malus halliana

形态特征： 落叶小乔木，高达5米，树冠开展。叶片卵形或椭圆形至长椭卵形，先端长渐尖，基部楔形至近圆形。伞房花序，具花4~6朵，花瓣倒卵形。花期3—4月，果期9—10月。

生长习性： 喜阳光，喜温暖湿润环境。

绿化应用： 孤立栽植或者片植，与其他植物搭配造景。

观赏特性： 花量大，花色艳丽，花姿优美，叶茂花繁，丰盈娇艳。

经济价值： 果实可食，可制蜜饯；花可作药用。

美人梅 蔷薇科李属

Prunus ×*blireana* 'Meiren'

形态特征：落叶小乔木。叶片卵圆形，叶缘有细锯齿，叶被生短柔毛。花色浅紫，重瓣花，自然花期自3月第一朵花开以后，逐次自上而下陆续开放至4月中旬。先花后叶。

生长习性：喜阳光，抗旱性较强，不耐水涝。

绿化应用：可孤植、片植或与绿色观叶植物相互搭配植于庭院或园路旁。

观赏特性：花量大，花粉色、艳丽，株型优美。

经济价值：制作盆景等。

杜梨 蔷薇科梨属

Pyrus betulifolia

形态特征：乔木，高达 10 米。树冠开展，枝常具刺；小枝嫩时密被灰白色绒毛。叶片菱状卵形至长圆卵形。伞形总状花序。果实近球形。花期 4 月，果期 8—9 月。

生长习性：喜光，耐寒，耐旱，耐涝，耐瘠薄，在中性土及盐碱土上均能正常生长。

绿化应用：孤立栽植或者片植，适合作行道树。

观赏特性：树冠丰满，树形优美，花色洁白，花量大。

经济价值：木材可用于制作各种器物；树皮可提制栲胶并入药；果、叶、根可以入药。

豆梨 蔷薇科梨属

Pyrus calleryana

形态特征：乔木，高5~8米。小枝粗壮，圆柱形。叶片宽卵形至卵形，稀长椭圆状卵形。伞形总状花序。梨果球形。花期4月，果期8—9月。

生长习性：喜光，喜温暖湿润的气候。

绿化应用：孤立栽植或者片植，适合作行道树。

观赏特性：树冠丰满，花白色，花量大。

经济价值：根、叶、果均可入药。

Albizia julibrissin **合欢** 豆科合欢属

形态特征：落叶乔木，高可达 16 米。树冠开展。二回羽状复叶。头状花序于枝顶排成圆锥花序，花粉红色。花期 6—7 月，果期 8—10 月。

生长习性：性喜光，喜温暖，耐寒，耐旱，耐土壤瘠薄及轻度盐碱。

绿化应用：孤立栽植或者片植，适合作行道树。

观赏特性：树姿优美如伞状，叶形纤细如羽，昼展夜合，夏季绒花盛开满树，秀丽雅致且花期长，是美丽的庭院观赏树种。

经济价值：制家具、枕木等；树皮可提制栲胶；皮、花可以入药。

黄檀 豆科黄檀属

Dalbergia hupeana

形态特征：乔木，高 10~20 米。树皮暗灰色，呈薄片状剥落。幼枝淡绿色，无毛。羽状复叶，近革质，椭圆形至长圆状椭圆形，花果期 5—10 月。

生长习性：喜光，耐干旱瘠薄，不择土壤。

绿化应用：孤立栽植或者片植，适合作行道树。

观赏特性：色叶树种，秋季叶色为黄色。

经济价值：木材是用具及器材制作材料；根皮可药用。

Gleditsia sinensis **皂荚** 豆科皂荚属

形态特征：落叶乔木，高可达 30 米。枝灰色至深褐色，刺粗壮。叶为一回羽状复叶。花两性。花期 3—5 月，果期 5—12 月。

生长习性：喜光，稍耐阴，有较强耐旱性，在轻盐碱土甚至黏土或沙土上均能正常生长。

绿化应用：用于配置城乡景观林，孤立栽植或者片植，适合作行道树。

观赏特性：树冠大，具枝刺；荚果厚，花果期长。

经济价值：木材为车辆、家具用材；荚果可代替肥皂用以洗涤丝毛织物；嫩芽可用油盐调食，其种子煮熟糖渍可食；荚、种子、刺均可入药。

山皂荚 豆科皂荚属

Gleditsia japonica

形态特征：落叶乔木或小乔木，高可达 25 米。小枝微有棱，光滑无毛，粗壮，常分枝。叶羽状复叶，小叶柄极短。花黄绿色，穗状花序，花序腋生或顶生。荚果带形，扁平，不规则旋扭或弯曲呈镰刀状。4—6 月开花，6—11 月结果。

生长习性：喜光，耐旱，抗寒，抗风，耐盐碱。

绿化应用：可以作行道树或与其他植物搭配造景。

观赏特性：观花观果树木。

经济价值：荚果含皂素，可代替肥皂并可作染料；种子可入药；嫩叶可食；木材坚实，心材带粉红色，色泽美丽，纹理粗，可作建筑、器具、支柱等用材。

形态特征：落叶乔木，高10~25米。总状花序腋生，下垂，花多数，芳香。花期4—6月，果期8—9月。

生长习性：喜光，耐旱，在轻度盐碱土上能正常生长。

绿化应用：行道树、庭荫树、景观树。

观赏特性：植株高大，冠型丰满；花量大，洁白芳香。

经济价值：花可以食用；叶可以入药。

Robinia pseudoacacia **刺槐** 豆科刺槐属

形态特征：落叶乔木，株高可达 12 米。羽状复叶，叶椭圆形至卵长圆形。总状花序，花被红色，有浓郁芳香。花期 5—7 月。

生长习性：性耐寒，耐干旱瘠薄，对土壤要求不严。

绿化应用：孤立栽植或者片植，适合作行道树。

观赏特性：树冠开张，树形优美；花量大，紫红色，芳香。

经济价值：木材可以制作农具；叶可以作饲料用。

香花槐 豆科刺槐属 *Robinia pseudoacacia* 'Idaho'

形态特征：落叶乔木，高达25米。羽状复叶长。圆锥花序顶生，常呈金字塔形，花冠白色或淡黄色，旗瓣近圆形。花期7—8月，果期8—10月。

生长习性：喜光，喜肥，稍耐阴，耐旱，耐寒，抗风，抗病虫害，抗污染。

绿化应用：城乡良好的遮阴树和行道树种。

观赏特性：枝叶茂密，绿荫如盖，夏秋可观花。

经济价值：供建筑、雕刻及制造船舶、枕木、车辆等用；种仁可供酿酒或作糊料、饲料，种子榨油供工业用；枝、叶、果、根可入药。

Styphnolobium japonicum　　槐　豆科槐属

金枝槐 豆科槐属

Stypholobium japonicum ‘Winter Gold’

形态特征：落叶乔木。二年生的枝干呈金黄色。羽状复叶，叶椭圆形，光滑，淡绿色、黄色、深黄色。圆锥花序顶生，花冠黄色。荚果串状。5—8月开花，8—10月结果。

生长习性：耐旱、耐寒力较强，对土壤要求不严格，在贫瘠土壤上可生长。

绿化应用：孤立栽植或者片植，是公路、校园、庭院、公园、机关单位等绿化的优良树种。

观赏特性：叶片及枝条为黄色，春夏观叶，秋冬观枝。

经济价值：木材可以制作农具等。

臭椿 苦木科臭椿属

Ailanthus altissima

形态特征：落叶乔木，高可达 20 米。叶为奇数羽状复叶，小叶对生或近对生，纸质，卵状披针形。圆锥花序，花淡绿色。翅果长椭圆形。花期 4—5 月，果期 8—10 月。

生长习性：喜光，不耐阴。在钙质土上可生长。

绿化应用：可孤植、丛植或与其他树种混栽，适宜作行道树。

观赏特性：枝叶繁茂，春季嫩叶紫红色，秋季满树红色翅果，颇为美观。

经济价值：木材可制作农具车辆等；叶可饲椿蚕；树皮、根皮、果实均可入药；种子含油 35%。

形态特征：落叶乔木。叶为奇数羽状复叶，互生，卵状披斜形至椭圆状披针形。圆锥花序顶生。花期5—6月。

生长习性：喜光，耐寒，耐瘠薄，耐中度盐碱，不耐阴，不耐水湿。

绿化应用：孤植、列植、丛植，还可与其他彩色树种搭配。

观赏特性：树干通直，树冠圆整如半球状，颇为壮观，叶大荫浓，秋季红果满树，树姿优美。

经济价值：木材可用于建筑，制作家具、小农具、文具仪器、体育器械等。

Ailanthus altissima `Qiantou`

千头椿 苦木科臭椿属

Toona sinensis 香椿 棟科香椿属

形态特征：落叶乔木。树皮粗糙，深褐色，片状脱落。偶数羽状复叶，对生或互生，纸质，卵状披针形或卵状长椭圆形。圆锥花序。蒴果狭椭圆形。花期6—8月，果期10—12月。

生长习性：喜光，较耐湿。

绿化应用：孤立栽植或者作行道树。

观赏特性：果实形如吊灯，成熟时顶端张开，形如花朵。

经济价值：为家具、室内装饰品及造船的优良木材；树皮可造纸；果和皮可入药；还可作为蔬菜栽植，价值很高。

形态特征：落叶乔木，高达 10 余米。奇数羽状复叶；小叶对生，卵形、椭圆形至披针形。圆锥花序，花芳香。核果球形至椭圆形。花期 4—5 月，果期 10—12 月。

生长习性：喜温暖湿润气候，耐寒，耐碱，耐瘠薄。

绿化应用：孤植、丛植或配置于建筑物旁，也可种植于水边、山坡、墙角等处，适合作行道树。

观赏特性：树冠开展，树形优美，枝条秀丽，在春夏之交开淡紫色花，香味浓郁。

经济价值：材用植物，亦是药用植物，其花、叶、果实、根皮均可入药，果核仁油可供制润滑油和肥皂等。

楝 楝科楝属 *Melia azedarach*

054

Triadica sebifera 乌桕 大戟科乌桕属

形态特征：落叶乔木，高达10米。叶互生，纸质，叶片阔卵形。蒴果近球形，成熟时呈黑色。花期5—7月，果期8—11月。

生长习性：适应性较强，是抗盐性强的乔木树种之一。

绿化应用：栽植于广场、公园、庭院中或成片栽植于景区，适合作行道树。

观赏特性：秋季叶色黄色至紫色，多变，是优良的色叶树木。

经济价值：根皮、树皮、叶入药；种子可供制高级香皂、蜡纸、蜡烛等，种仁榨油供制油漆、油墨等，假种皮为制蜡烛和肥皂的原料。

黄连木 漆树科黄连木属 *Pistacia chinensis*

形态特征：落叶乔木，高达 20 余米。树干扭曲，树皮暗褐色，呈鳞片状剥落。奇数羽状复叶互生，有小叶 5~6 对。花单性异株，先花后叶，圆锥花序腋生。花期 3—4 月，果期 7—8 月。

生长习性：喜光，耐干旱瘠薄，对土壤要求不严。

绿化应用：宜作庭荫树、行道树及观赏风景树，也常作"四旁"绿化及造林树种。

观赏特性：树冠浑圆，枝叶繁茂而秀丽，早春嫩叶红色，入秋叶又变成橙黄或深红色，红色的雌花序也极为美观。

经济价值：可供提取黄色染料；材质坚硬致密，可作家具和细工用材；种子榨油可作润滑油或制皂；幼叶可充蔬菜，并可代茶。

Rhus typhina **火炬树 漆树科盐肤木属**

形态特征：落叶小乔木。奇数羽状复叶互生，长圆形至披针形。直立圆锥花序顶生，果穗鲜红色。果扁球形，有红色刺毛，紧密聚生成火炬状。花期6—7月，果期8—9月。

生长习性：喜光，耐寒，耐干旱瘠薄，耐水湿，耐盐碱。

绿化应用：孤立栽植或者片植，适合用于配置隔离绿篱，与其他植物搭配造景。

观赏特性：秋季树叶会变红，十分壮观，是优良的色叶树种。

经济价值：生产栲胶的优良原料，根、叶、花、树皮、种子、木材均有十分广泛的用途。

形态特征：落叶乔木，高 10 米。奇数羽状复叶，叶轴具宽的叶状翅，小叶自下而上逐渐增大，小叶多形，卵形或椭圆状卵形或长圆形，先端急尖，叶背粉绿色，被白粉。核果成熟时红色。花期 8~9 月，果期 10 月。

生长习性：喜光，耐寒，耐盐碱。

绿化应用：孤立栽植或者片植。

观赏特性：色叶植物，秋叶黄色至橙黄色。

经济价值：幼枝和叶上形成虫瘿，即五倍子，可供鞣革、医药、塑料和墨水等工业上用；幼枝和叶可作土农药；根、叶、花及果均可供药用。

Rhus chinensis

盐肤木 漆树科盐肤木属

Ilex chinensis

冬青 冬青科冬青属

形态特征：常绿乔木。树冠卵圆形，树皮平滑，呈灰青色。小枝浅绿色。叶互生，长椭圆形，薄草质，边缘疏生浅锯齿，表面深绿色，有光泽。花单生，雌雄异株，排列成聚伞花序，着生枝端叶腋；花淡紫红色，有香气。核果椭圆形，熟时呈深红色，经冬不落。花期4—6月，果期7—12月。

生长习性：喜温暖气候，有一定耐寒力。

绿化应用：孤立栽植或者片植，适合作行道树。

观赏特性：树形优美，枝叶碧绿青翠，果实红色且经久不落，十分美观。

经济价值：木材制玩具、雕刻品、工具柄、刷背和木梳等，叶、皮可以入药。

大别山冬青 冬青科冬青属 *Ilex dabieshanensis*

形态特征：常绿小乔木，高5米，全株无毛。树皮灰白色，平滑。小枝粗壮，圆柱形。叶片厚革质，卵状长圆形、卵形或椭圆形。花期3—4月，果期10月。

生长习性：适应性广，耐干旱瘠薄。

绿化应用：孤立栽植或者片植，与其他植物搭配造景。

观赏特性：叶色青翠，果实红艳。

经济价值：叶可以制茶，也可入药。

白杜 卫矛科卫矛属

Euonymus maackii

形态特征：落叶小乔木，高达6米。叶卵状椭圆形、卵圆形或窄椭圆形，先端长渐尖，基部阔楔形或近圆形，边缘具细锯齿。聚伞花序3至多花，淡白绿色或黄绿色。蒴果4浅裂，成熟后果皮粉红色。花期5—6月，果期9月。

生长习性：喜光，稍耐阴，耐旱，耐寒，较耐盐碱。

绿化应用：孤立栽植或者片植，适合作行道树。

观赏特性：枝叶秀丽，粉红色蒴果悬挂枝上甚久，亦有很高观赏价值。

经济价值：叶、皮、果均可入药。

形态特征：落叶乔木，高可达 20 米。树皮褐色或深褐色，粗糙。叶纸质，椭圆形或倒卵形，基部近于圆形或楔形。花多数，常顶生成被短柔毛的伞房花序，萼片 5，黄绿色，花瓣 5，淡黄色。花期 4 月，果期 8 月。

生长习性：喜光也耐阴，喜温暖湿润的气候和深厚肥沃、排水良好的土壤，对土壤的要求不严，较耐水湿。

绿化应用：作行道树或庭荫树以及草坪中点缀较为适宜。

观赏特性：树姿优雅，干皮美丽，春季花色黄绿，秋冬黄叶。

经济价值：木材优良，可制农具。

Acer buergerianum

三角槭 槭树科槭属

五角槭 槭树科槭属

Acer pictum subsp. *mono*

形态特征：落叶乔木，高可达 20 米。树皮灰色或灰褐色。单叶，宽长圆形，叶基部心形或稍截形。萼片淡黄绿色，花瓣黄白色，子房平滑无毛，翅果近椭圆形。花期 5 月，果期 9 月。

生长习性：喜阳，稍耐阴，喜温凉湿润气候，耐寒性强，对土壤要求不严，在酸性土、中性土及石灰性土中均能生长。

绿化应用：孤立栽植，适合作行道树。

观赏特性：树形优美，叶形秀丽，秋后的霜叶更是红润可人，具有很高的观赏价值。

经济价值：木材优良，可制农具。

鸡爪槭 槭树科槭属

Acer palmatum

形态特征：落叶小乔木，树冠伞形。树皮
平滑，深灰色。小枝紫或淡紫绿色，老枝
淡灰紫色。叶近圆形，基部心形或近心形，
掌状，常7深裂，密生尖锯齿。雄花与两
性花同株；伞房花序。萼片卵状披针形；
花瓣椭圆形或倒卵形。幼果紫红色，熟后
褐黄色，果核球形，脉纹显著，两翅成钝
角。花果期5—9月。

生长习性：喜疏荫的环境，夏日怕日光曝
晒，抗寒性强。

绿化应用：作行道树和观赏树栽植，是较
好的"四季"绿化树种。

观赏特性：叶形美观，入秋后转为鲜红色，
色艳如花，灿烂如霞，为优良的观叶树种。

经济价值：枝、叶可药用。

形态特征：落叶乔木，高达 25 米，树皮深褐色或灰褐色。掌状复叶由 5~7 片小叶组成。花序圆筒形，小花序常由 5~10 朵花组成。果实球形或倒卵圆形。花期 4—5 月，果期 10 月。

生长习性：喜光，稍耐阴，喜温暖气候，也能耐寒。

绿化应用：孤立栽植或者片植，适合作行道树，是世界著名的四大行道树之一。

观赏特性：秋季变黄，树形优美，花大秀丽，果形奇特。观叶、观花、观果。

经济价值：木材可制造各种器具；种子可作药用，榨油可制造肥皂。

Aesculus chinensis

七叶树 七叶树科七叶树属

栾树 无患子科栾树属

Koelreuteria paniculata

形态特征：落叶乔木。一回或偶有二回羽状复叶，小叶边缘有不规则的钝锯齿。聚伞圆锥花序，开花时橙红色。蒴果圆锥形。花期6—8月，果期9—10月。

生长习性：喜光，稍耐半阴，耐寒，耐干旱和瘠薄，耐盐渍及短期水涝。

绿化应用：宜作庭荫树、行道树及园景树。

观赏特性：春季嫩叶多为红叶，夏季黄花满树，入秋叶色变黄，果实紫红且形似灯笼，十分美丽。

经济价值：木材可制家具；叶可作蓝色染料；花供药用，亦可作黄色染料。

无患子 无患子科无患子属

Sapindus saponaria

形态特征: 落叶大乔木,高可达20余米。花序顶生,圆锥形,辐射对称。果近球形,橙黄色,干时变黑。花期6—7月。果期9—10月。

生长习性: 喜光,稍耐阴,耐寒,抗风力强,不耐水湿,能耐干旱。

绿化应用: 孤立栽植或者片植,适合作行道树。

观赏特性: 秋季叶色金黄,为优良观叶、观果树种。

经济价值: 果皮可代替肥皂,木材可做箱板和木梳等;根、嫩枝叶、种子可入药。

沙枣 胡颓子科胡颓子属

Elaeagnus angustifolia

形态特征：落叶小乔木，高5~10米。叶薄纸质，矩圆状披针形至线状披针形。花银白色，密被银白色鳞片，芳香。果实椭圆形，粉红色，密被银白色鳞片。花期5—6月，果期9月。

生长习性：耐旱，耐盐碱，耐贫瘠。

绿化应用：孤立栽植或者片植，适合作造型木或与其他植物搭配造景。

观赏特性：花白色，清香怡人。

经济价值：果实可食用；木材坚硬，是很好的材用树木。

Punica granatum 石榴 石榴科石榴属

形态特征：落叶灌木或小乔木，高通常3~5米，稀达10米。叶通常对生，纸质，矩圆状披针形。花大，1~5朵生枝顶，通常红色或淡黄色。花期5—7月，果期9—10月。

生长习性：喜温暖向阳的环境，耐旱，耐寒，也耐瘠薄，不耐涝和荫蔽。

绿化应用：孤立栽植或者片植，与其他植物搭配造景。

观赏特性：花大色艳，花期长，果实色泽艳丽，是优良的观花、观果植物。

经济价值：果实食用；叶、皮、花等均可药用。

形态特征：落叶乔木，高达40米。树皮灰色至青灰色，块状剥落。叶对生，纸质，椭圆形或卵状椭圆形，先端渐尖或突尖，基部楔形或宽楔形，边缘波状，微反卷。顶生圆锥状聚伞花序。核果球形，成熟时紫黑色至黑色。花期5月，果期10—11月。

生长习性：喜光，耐寒，喜深厚、肥沃而湿润的土壤，在轻度盐碱地也能正常生长。

绿化应用：孤立栽植或者片植，适合作行道树。

观赏特性：树皮斑驳，枝叶繁茂，颇具观赏性。

经济价值：种子可榨油；叶可以作饲料用。

光皮梾木 山茱萸科梾木属 *Cornus wilsoniana*

Diospyros kaki 柿 柿科柿属

形态特征：落叶乔木，高达 10 余米。树皮深灰色至灰黑色，或者黄灰褐色至褐色。叶纸质，卵状椭圆形至倒卵形或近圆形。花雌雄异株，花冠管近四棱形。花期 5—6 月，果期 9—10 月。

生长习性：喜阳，喜温暖湿润气候。

绿化应用：孤立栽植或者片植，适合作行道树。

观赏特性：树冠丰满。姿态优美，果实成熟时黄色，观赏效果较好。

经济价值：果食可食用；木材可制作家具、箱盒、装饰用材和小用具、提琴的指板和弦轴等；叶可以药用。

白蜡树 木樨科梣属

Fraxinus chinensis

形态特征：落叶乔木。羽状复叶，小叶5~7枚，硬纸质，卵形、倒卵状长圆形至披针形，叶缘具整齐锯齿。圆锥花序顶生或腋生枝梢。翅果匙形。花期4—5月，果期7—9月。

生长习性：喜光，稍耐阴，喜温暖湿润气候，颇耐寒，喜湿耐涝，也耐干旱。对土壤要求不严，在碱性、中性、酸性土壤上均能生长。

绿化应用：孤立栽植或者作行道树。

观赏特性：形体端正，树干通直，枝叶繁茂而鲜绿，秋叶橙黄。

经济价值：木材坚韧，耐水湿，可制作家具、农具、胶合板等；枝条可编筐；树皮称"秦皮"，中医用作清热药。

形态特征：乔木，高达20余米。小枝暗灰色，幼时暗绿或淡棕色，光滑，有皮孔。果实长圆筒形，翅矩圆形。

生长习性：喜光，抗寒。

绿化应用：孤立栽植或者片植，适合作行道树。

观赏特性：枝叶茂密，树形美观。

经济价值：优良的用材树种。

Fraxinus americana

美国白梣 木樨科梣属

金枝白蜡 木樨科梣属

Fraxinus chinensis '**Aurea**'

形态特征：落叶乔木，高 10~12 米。树皮灰褐色，纵裂。小枝黄褐色。羽状复叶。花期 4—5 月，果期 7—9 月。

生长习性：耐瘠薄、干旱，在轻度盐碱地也能生长。

绿化应用：孤立栽植或者作行道树。

观赏特性：春季叶色金黄，是良好的色叶植物。

经济价值：枝条柔韧，可编制各种用具；树皮也作药用。

女贞 木樨科女贞属

Ligustrum lucidum

形态特征：常绿乔木，高可达 25 米；树皮灰褐色。叶片革质，卵形、长卵形或椭圆形至宽椭圆形。圆锥花序顶生。果肾形或近肾形，深蓝黑色。花期 5—7 月，果期 7 月至翌年 5 月。

生长习性：喜温暖湿润气候，喜光，耐阴。

绿化应用：可于庭院孤植或丛植，适合作行道树。

观赏特性：四季婆娑，枝叶茂密，树形整齐。

经济价值：叶可蒸馏提取冬青油，用于甜食和牙膏等的添加剂；果实可入药。

小蜡 木樨科女贞属 *Ligustrum sinense*

形态特征：落叶灌木或小乔木。小枝圆柱形，幼时被淡黄色短柔毛或柔毛，老时近无毛。叶片纸质或薄革质。圆锥花序顶生或腋生，塔形。果近球形。花期3—6月，果期9—12月。

生长习性：喜光，喜温暖或高温湿润气候，耐寒，较耐瘠薄，耐修剪，不耐水湿。

绿化应用：适合作绿篱或造型木，与其他植物搭配造景。

观赏特性：树冠分枝茂密，盛花期花开满树，如皑皑白雪。

经济价值：果实可酿酒；种子榨油供制肥皂；树皮和叶可入药。

银姬小蜡 木樨科女贞属

Ligustrum sinense var. *variegatum*

形态特征：常绿小乔木，老枝灰色，小枝圆且细长，叶对生，叶厚纸质或薄革质，椭圆形或卵形，叶缘镶有乳白色边环。花序顶生或腋生，花期4—6月。核果近球形，果期9—10月。

生长习性：喜强光，极为耐寒、耐旱、耐瘠薄。

绿化应用：株型紧凑，可孤立栽植或者片植，也可与其他植物搭配造景，彩化效果突出。

观赏特性：色叶树种，叶片黄绿色，带白色斑纹。

经济价值：种子可入药。

白花泡桐 泡桐科泡桐属 *Paulownia fortunei*

形态特征：乔木高达30米。树冠圆锥形，主干直。叶片长卵状心脏形。花序枝几无或仅有短侧枝，花冠管状漏斗形，白色，仅背面稍带紫色或浅紫色。蒴果长圆形或长圆状椭圆形。花期3—4月，果期7—8月。

生长习性：喜光，较耐阴，喜温暖气候。

绿化应用：孤立栽植或者片植，是城市和工矿区绿化的好树种。

观赏特性：树干通直，树姿优美，花色美丽鲜艳。

经济价值：木材用于建筑，制作家具、人造板和乐器等，也是造纸原料；叶、花、果和树皮可入药。

楸 紫葳科梓属

Catalpa bungei

形态特征：小乔木，高8~12米。叶三角状卵形或卵状长圆形，顶端长渐尖，基部截形、阔楔形或心形。顶生伞房状总状花序。花期5—6月，果期6—10月。

生长习性：喜光，喜温暖湿润气候。

绿化应用：作观赏树、行道树等。

观赏特性：树形优美，花大色艳。

经济价值：花可炒食；叶可喂猪；茎皮、叶、种子可入药。

梓 紫葳科梓属 *Catalpa ovata*

形态特征：乔木，高达 15 米。树冠伞形，主干通直。叶对生或近于对生，有时轮生，阔卵形，长宽近相等，全缘或浅波状。顶生圆锥花序。花冠钟状，淡黄色。蒴果线形，下垂，长 20~30 厘米。花期 5 月，果期 8—10 月。

生长习性：喜光，稍耐半阴，比较耐严寒，在中性以及稍有钙质化的土壤上都能正常生长。

绿化应用：树姿优美，叶片浓密，宜作行道树、庭荫树。

观赏特性：花繁果茂，秋季叶色金黄，是优良的观花观叶乔木。

经济价值：木材可做家具；叶可食；叶或树皮可作农药；果实可入药。

Catalpa speciosa 黄金树 紫葳科梓属

形态特征：落叶乔木。树冠伞状。叶卵状心形至卵状长圆形，顶端长渐尖，基部截形至浅心形。圆锥花序顶生。花期5—6月，果期8—9月。

生长习性：喜光，稍耐阴，耐干旱。在酸性土、中性土、轻盐碱土以及石灰性土上均能生长。

绿化应用：孤立栽植或者片植，适合作行道树。

观赏特性：花叶同放，花白色，花量大，秋季叶色金黄。

经济价值：新鲜枝叶可提炼香精油；木材是制作木胎漆器、乐器和雕版刻字的优质材料。

金镶玉竹 禾本科刚竹属

Phyllostachys aureosulcata `Spectabilis`

形态特征：竿高 4~10 米，径 2~5 厘米。新竿为嫩黄色，后渐为金黄色，各节间有绿色纵纹，有的竹鞭也有绿色条纹，叶绿，少数叶有黄白色彩条。竹竿鲜艳，黄绿相间，故称为"金镶玉"。有的竹竿下部呈"之"字形弯曲。笋期 4 月中旬至 5 月上旬，花期 5—6 月。

生长习性：喜向阳背风的环境，土层深厚、肥沃、湿润、排水和透气性良好土壤。

绿化应用：片植，适合作背景植物，与其他植物搭配造景。

观赏特性：青翠如玉，竹竿鲜艳，黄绿相间，清雅可爱。

铺地柏 柏科刺柏属

Juniperus procumbens

形态特征：常绿匍匐灌木，高达 75 厘米。刺形叶三叶交叉轮生。球果近球形，被白粉，成熟时有黑色脊。

生长习性：喜光，稍耐阴，对土质要求不严，耐寒。

绿化应用：孤立栽植或者片植，适合与其他植物搭配造景。

观赏特性：叶小、翠绿，四季常青，姿态雅致。

经济价值：叶可以提取香精。

形态特征：落叶灌木，无明显主干，自然状态下呈灌丛状。高1~3米，树冠广展。树皮灰绿色。嫩枝粉红色，枝条放射状，紧密。叶近对生或对生；嫩枝上有时3叶轮生，椭圆状长圆形；春天新叶先端粉白色，基部黄绿色，密布白色斑点，随着时间推移，叶色变为黄绿色带粉白色斑点。花期5月，果期6月。

生长习性：喜光，也略耐阴，耐寒性强。

绿化应用：成片种植。枝条盘曲，也适合种植在绿地或道路两旁。

观赏特性：新叶粉色或淡粉色，枝条柔软飘逸，树形优美，叶色亦迷人。

经济价值：可以用于编制器物。

Salix integra ‘Hakuro Nishiki’

彩叶杞柳 杨柳科柳属

紫叶小檗 小檗科小檗属

Berberis thunbergii 'Atropurpurea'

形态特征：落叶灌木。叶菱状卵形，紫红色。花 2~5 朵组成具短总梗并近簇生的伞形花序，或无总梗而呈簇生状，花被黄色；小苞片带红色。浆果红色，椭球体。花期 4—6 月，果期 7—10 月。

生长习性：喜光，耐寒，耐旱。

绿化应用：丛植，用于配置绿篱或色带，与其他植物搭配造景。

观赏特性：叶片紫红色，春开黄花，秋缀红果，叶、花、果俱美。

经济价值：根、茎、皮可药用。

蜡梅 蜡梅科蜡梅属　*Chimonanthus praecox*

形态特征：落叶灌木，高达 4 米。幼枝四方形，老枝近圆柱形，灰褐色。叶纸质至近革质，卵圆形、椭圆形、宽椭圆形至卵状椭圆形，有时长圆状披针形。花着生于第二年生枝条叶腋内，先花后叶，芳香。花期 11 月至翌年 3 月，果期 4—11 月。

生长习性：喜阳光，能耐阴、耐寒、耐旱，忌渍水。

绿化应用：孤立栽植或丛植，与其他植物搭配造景。

观赏特性：隆冬绽蕾，斗寒傲霜，香气浓而清，艳而不俗。

经济价值：花可以制茶、提取香精；根、叶可药用。

溲疏 虎耳草科溲疏属

Deutzia scabra

形态特征：落叶灌木，株高3米。小枝红褐色，疏生星状毛。叶对生，叶柄短，叶片卵形至卵状披针形，先端急尖或短渐尖，基部圆形至宽楔形，边缘有细锯齿。圆锥花序直立，花瓣5，白色。蒴果。花期5—6月，果期10—11月。

生长习性：喜光，稍耐阴，喜温暖、湿润气候，但耐寒、耐旱，对土壤的要求不严。

绿化应用：生于草坪、路边、山坡及林缘，也可作花篱及岩石园种植材料。

观赏特性：花量大，花色艳丽，花繁密，素雅。

经济价值：根、叶、果均可药用。

形态特征：常绿灌木或小乔木，高达6米，嫩枝被褐色柔毛，有皮孔。叶聚生于枝顶，二年生，革质，倒卵形或倒卵状披针形。伞形花序或伞房状伞形花序顶生或近顶生，密被黄褐色柔毛。花白色，芳香，后变黄色。蒴果圆球形，有棱或呈三角形。花期3—5月，果熟期9—10月。

生长习性：喜光，稍耐阴，喜温暖湿润气候，不耐寒，对土壤要求不严，抗风，耐盐碱。

绿化应用：孤立栽植或者片植，作花坛四周、花径两侧、建筑物基础部位或园林中的绿篱、绿带；尤宜于工矿区种植。

观赏特性：株形圆整，四季常青，花味芳香，种子红艳，为著名的观叶、观果植物。

经济价值：种子可入药。

Pittosporum tobira

海桐 海桐科海桐属

形态特征：落叶灌木或小乔木，树干灰褐色。叶片椭圆状披针形。花生于叶腋，粉红色或红色，重瓣，盛开时犹如菊花。3—4 月开花，花先于叶开放或花叶同放。

生长习性：喜阳光充足、通风良好的环境，耐干旱、高温和严寒，不耐阴，忌水涝。

绿化应用：作行道树栽植，也可栽植于广场、草坪以及庭院或其他园林场所。

观赏特性：株型紧凑，开花繁茂，花型奇特，色彩鲜艳，观赏价值高。

经济价值：是制作盆景的好材料。

Amygdalus persica 'Juhuatao'

菊花桃 蔷薇科桃属

毛叶木瓜 蔷薇科木瓜属 *Chaenomeles cathayensis*

形态特征：落叶灌木至小乔木，高2~6米。枝条直立，具短枝刺。叶片椭圆形、披针形至倒卵状披针形，先端急尖或渐尖，基部楔形至宽楔形。花先叶开放，2~3朵簇生于二年生枝上，淡红色或白色。果实卵球形或近圆柱形。花期3—5月，果期9—10月。

生长习性：喜温暖湿润和阳光充足的环境，耐寒冷，抗旱，但怕水涝，对土壤要求不严。

绿化应用：于庭院、路边绿化带、草坪等处栽培，可丛植、列植、孤植或作花篱。

观赏特性：花色娇艳，果实金黄，散发出浓郁的芳香，是花、果俱佳的观赏花木。

经济价值：果实经蒸煮后可做成蜜饯；木材可制作家具等器具。

形态特征：矮灌木，高约 1 米。枝条有细刺；小枝粗糙，圆柱形，紫红色；二年生枝条有疣状突起，黑褐色。叶片倒卵形、匙形至宽卵形。花 3~5 朵簇生，萼筒钟状。果实近球形，黄色。花期 3—6 月，果期 8—10 月。

生长习性：喜充足的阳光，亦耐半阴，稍耐寒。

绿化应用：孤立栽植或丛植，与其他植物搭配造景。

观赏特性：花色艳丽，繁花似锦，极为美观，花期长，果黄色，是极优美的观花、观果树种。

经济价值：果实供药用。

Chaenomeles japonica　**日本木瓜** 蔷薇科木瓜属

石楠 蔷薇科石楠属

Photinia serratifolia

形态特征：常绿灌木或小乔木，高达 10 余米。叶片革质，长椭圆形、长倒卵形或倒卵状椭圆形。复伞房花序顶生，花瓣白色，近圆形。果实球形，红色，后呈褐紫色。花期 4—5 月，果期 10 月。

生长习性：喜温暖湿润的气候，抗寒力不强，喜光也耐阴，对土壤要求不严。

绿化应用：孤立栽植或者片植。

观赏特性：圆形树冠，叶丛浓密，嫩叶红色，花白色、密生，冬季果实红色。

经济价值：木材制车轮及器具柄；种子榨油供制油漆、肥皂或润滑油。

红叶石楠 蔷薇科石楠属

Photinia ×fraseri

形态特征： 常绿小乔木或灌木，高可达5米。叶片革质，长圆形至倒卵状披针形，叶端渐尖，叶基楔形，叶缘有带腺的锯齿。复伞房花序，花白色。5—7月开花，9—10月结果。

生长习性： 喜光，喜湿润气候。

绿化应用： 孤立栽植或者作绿篱，与其他植物搭配造景。

观赏特性： 新梢和嫩叶火红，色彩艳丽持久，极具生机。

经济价值： 木材可制作农具。

月季花 蔷薇科蔷薇属

Rosa chinensis

形态特征：落叶直立灌木，高 1~2 米；小枝粗壮，圆柱形，近无毛，有短粗的钩状皮刺或无刺。小叶 3~5，叶片宽卵形至卵状长圆形。花数朵集生，稀单生。果卵球形或梨形。花期 4—9 月，果期 6—11 月。

生长习性：性喜温暖、日照充足、空气流通的环境。

绿化应用：孤立栽植或者片植，用于布置花坛、花境、庭院，与其他植物搭配造景。

观赏特性：花期长，花量大，花色丰富，芳香。

经济价值：根、叶、花均可入药。

形态特征：落叶灌木，高可达 2 米；茎粗壮，丛生；小枝密被绒毛，并有针刺和腺毛，有直立或弯曲、淡黄色的皮刺，皮刺外被绒毛。小叶 5~9，叶片椭圆形或椭圆状倒卵形。花单生于叶腋或数朵簇生。果扁球形。花期 5—6 月，果期 8—9 月。

生长习性：喜阳光充足环境，耐寒，耐旱。

绿化应用：孤立栽植或者片植，与其他植物搭配造景。

观赏特性：花色丰富，芳香艳丽。

经济价值：花可以提取香精等，也可入药。

Rosa rugosa **玫瑰** 蔷薇科蔷薇属

黄刺玫　蔷薇科蔷薇属

Rosa xanthina

形态特征：落叶直立灌木，高2~3米；枝粗壮。小叶7~13，小叶片宽卵形或近圆形，稀椭圆形，先端圆钝，基部宽楔形或近圆形，边缘有圆钝锯齿。花单生于叶腋，重瓣或半重瓣，黄色。花期4—6月，果期7—8月。

生长习性：喜光，稍耐阴，耐寒力强；对土壤要求不严，耐干旱和瘠薄，在盐碱土中也能生长。

绿化应用：孤立栽植或者片植，与其他植物搭配造景。

观赏特性：花黄色，花量大，美丽可爱。

经济价值：果实可食用、制果酱；花可提取芳香油；花、果可药用。

紫穗槐 豆科紫穗槐属

Amorpha fruticosa

形态特征: 落叶灌木,丛生,高1~4米。小枝灰褐色,被疏毛,后变无毛,嫩枝密被短柔毛。叶互生,奇数羽状复叶。穗状花序。荚果下垂。花果期5—10月。

生长习性: 喜光,耐寒性强,耐干旱,耐盐碱。

绿化应用: 植株饱满,适合种植于道边坡、河道边坡、山体边坡等。

观赏特性: 花朵形态美丽。

经济价值: 细枝是编织筐、篓的好材料;嫩茎叶、籽饼可作饲料。

多花木蓝 豆科木蓝属 *Indigofera amblyantha*

形态特征：落叶灌木，高达2米，少分枝。茎褐色或淡褐色，圆柱形，幼枝禾秆色，具棱。羽状复叶，叶轴上面具浅槽；小叶对生，稀互生，形状、大小变异较大，通常为卵状长圆形、长圆状椭圆形、椭圆形或近圆形。总状花序腋生，花冠淡红色。花期5—7月，果期9—11月。

生长习性：喜光，喜温暖，抗旱，耐寒。

绿化应用：片植或植于道路护坡等。

观赏特性：花序大，小花多，颜色淡红，花期长。

经济价值：叶、嫩枝可作饲料。

Lespedeza cuneata 截叶铁扫帚 豆科胡枝子属

形态特征：落叶小灌木，高达1米。茎直立或斜升。叶密集，柄短；小叶楔形或线状楔形，先端截形或近截形，具小刺尖，基部楔形。总状花序腋生，具2~4朵花，花冠淡黄色或白色。花期7—8月，果期9—10月。

生长习性：耐干旱，也耐瘠薄，对土壤要求不严。

绿化应用：片植或植于护坡等。

观赏特性：叶形奇特。

经济价值：叶、嫩枝可作饲料，也可入药。

多花胡枝子 豆科胡枝子属

Lespedeza floribunda

形态特征：落叶小灌木，高100厘米。茎常近基部分枝；枝有条棱，被灰白色绒毛。托叶线形，羽状复叶具3小叶；小叶具柄，倒卵形、宽倒卵形或长圆形。总状花序腋生。花冠紫色、紫红色或蓝紫色，旗瓣椭圆形。花期6—9月，果期9—10月。

生长习性：喜阳，耐寒，耐旱。

绿化应用：丛植、片植或植于护坡等。

观赏特性：枝条柔软，叶形奇特，花密、量大。

经济价值：作饲料用；叶可以入药。

美丽胡枝子 豆科胡枝子属

Lespedeza thunbergii subsp. *formosa*

形态特征：落叶灌木，高达1米。分枝开展，枝灰褐色，具细条棱，密被长柔毛。托叶狭披针形。总状花序腋生。花萼钟状，5深裂，花冠长，红紫色，旗瓣倒卵形。花果期9—11月。

生长习性：喜阳光，耐旱，耐瘠薄土壤。

绿化应用：孤立栽植、丛植、片植或植于护坡等。

观赏特性：花量大，花色艳丽。

经济价值：作饲料用，可入药。

形态特征：常绿灌木。小枝四棱形，光滑无毛。叶革质或薄革质，卵形、椭圆状或长圆状披针形至披针形，先端渐尖。花序腋生，雄花8~10朵，雌花萼片卵状椭圆形。蒴果近球形。花期3—4月，果期6—7月。

生长习性：喜光，稍耐阴，有一定耐寒力。

绿化应用：常作绿篱及背景种植材料，是优良的园林绿化树种。

观赏特性：四季常青，观赏价值较高。

经济价值：木材是制作筷子、棋子的上等木料。

Buxus megistophylla

大叶黄杨 黄杨科黄杨属

枸骨 冬青科冬青属

Ilex cornuta

形态特征：常绿灌木或小乔木。叶片厚革质，四角状长圆形或卵形，叶面深绿色。花序簇生于二年生枝的叶腋内，花淡黄色。花期4—5月，果期10—12月。

生长习性：喜阳光，也能耐阴，宜放于阴湿的环境中生长。

绿化应用：孤立栽植或丛植，与其他植物搭配造景。

观赏特性：叶形奇特，入秋红果累累，经冬不凋，鲜艳美丽，是良好的观叶、观果树种。

经济价值：叶、果实和根都可供药用。

无刺枸骨 冬青科冬青属 *Ilex cornuta* `National`

形态特征：常绿灌木或小乔木，树种枝繁叶茂，叶形奇特，浓绿有光泽。树冠圆整。4—5月开黄绿色小花。核果球形。

生长习性：喜光，喜温暖，适宜在湿润且排水良好微碱性土壤上生长。

绿化应用：孤植、片植或与其他植物搭配造景。

观赏特性：秋成熟转红，满枝硕果累累，鲜艳夺目。

经济价值：叶、果实和根都可供药用。

卫矛 卫矛科卫矛属

Euonymus alatus

形态特征：落叶灌木，高1~3米。小枝常具宽阔木栓翅。叶卵状椭圆形、窄长椭圆形，偶为倒卵形。聚伞花序1~3花，花白绿色。花期5—6月，果期7—10月。

生长习性：喜光，也稍耐阴；对气候和土壤适应性强，能耐干旱、瘠薄和寒冷，在中性、酸性及石灰性土壤上均能生长。

绿化应用：用于城市园林、道路、公路绿化，配置绿篱带、色带拼图。

观赏特性：枝翅奇特，秋叶红艳耀目，果裂亦红，甚为美观，堪称观赏佳木。

经济价值：叶、茎、根均可入药。

形态特征：常绿灌木，高可达 3 米；小枝四棱，具细微皱突。叶革质，有光泽，倒卵形或椭圆形。聚伞花序 5~12 花。蒴果近球状。花期 6—7 月，果熟期 9—10 月。

生长习性：喜光，较耐阴，适应肥沃、疏松、湿润地，酸性土、中性土或微碱性土均能适应。

绿化应用：常作绿篱。

观赏特性：树姿优美，秋季果实开裂，露出红色假种皮，绿叶托红果，令人赏心悦目。

经济价值：木材可制作工艺品；树皮含橡胶物质，可作为工业原料。

冬青卫矛 卫矛科卫矛属 *Euonymus japonicus*

文冠果 无患子科文冠果属

Xanthoceras sorbifolium

形态特征：落叶灌木或小乔木，高达5米。小枝粗壮，褐红色。叶披针形或近卵形，两侧稍不对称两性花的花序顶生，雄花序腋生，花瓣白色，基部紫红色或黄色。蒴果。花期春季，果期秋初。

生长习性：喜阳，耐半阴，对土壤适应性很强，耐瘠薄，耐盐碱，抗寒能力强。

绿化应用：公园、庭院、绿地孤植或群植。

观赏特性：花色丰富，树姿秀丽，花序大，花朵稠密，花期长，甚为美观。

经济价值：果树可以榨油；茎和叶可入药。

酸枣 鼠李科枣属

Ziziphus jujuba var. *spinosa*

形态特征：落叶灌木或小乔木，高 1~4 米。小枝呈"之"字形弯曲，紫褐色。花期6—7月，果期8—9月。

生长习性：喜温暖干燥的环境。

绿化应用：孤立栽植或者片植。

观赏特性：果实成熟时呈红色，有一定的观赏价值。

经济价值：果实可食用、药用，有养心安神、缓解失眠的作用。

108

海滨木槿 锦葵科木槿属

Hibiscus hamabo

形态特征：落叶灌木或小乔木，高达5米。分枝多，树皮灰白色；叶阔倒卵形或椭圆形，两面密被灰白色星状毛。花单生于枝端叶腋，金黄色，后变橘红色。蒴果倒卵形。花期6—7月，果期8—10月。

生长习性：喜光，耐短期水涝，耐高温，耐盐碱。

绿化应用：可孤植、丛植、片植，作花墙、花篱，特别适合于工矿企业、公路、海滨沙滩及盐碱地绿化、造园等。

观赏特性：枝叶浓密，花金黄色，大且艳丽。

经济价值：根、茎、叶可入药。

木芙蓉 锦葵科木槿属

Hibiscus mutabilis

形态特征：落叶灌木或小乔木，高达5米；小枝、叶柄、花梗和花萼均密被星状毛与直毛相混的细绵毛。叶宽卵形至圆卵形或心形，先端渐尖，具钝圆锯齿。花单生于枝端叶腋间。蒴果扁球形。花期8—10月。

生长习性：喜光，稍耐阴，喜温暖湿润气候，不耐寒。

绿化应用：孤立栽植或者丛植，与其他植物搭配造景。

观赏特性：秋季开花，花大，花色丰富，花团锦簇，形色兼备。

经济价值：花可以食用；叶、花可入药。

形态特征：落叶灌木，高 3~4 米，小枝密被黄色星状绒毛。叶菱形至三角状卵形。花单生于枝端叶腋间，花萼钟形，花色丰富。蒴果卵圆形。花期 7—10 月。

生长习性：适应性强，喜光，稍耐阴，耐热又耐寒，对土壤要求不严。

绿化应用：孤立栽植或者片植，与其他植物搭配造景，南方多作花篱、绿篱。

观赏特性：树冠开展，花叶同放，花色十分丰富，花量大。

经济价值：花、果、根、叶和皮均可入药。

Hibiscus syriacus

木槿 锦葵科木槿属

大叶胡颓子 胡颓子科胡颓子属 *Elaeagnus macrophylla*

形态特征：常绿直立灌木或攀缘藤本，高2~3米。叶厚纸质或薄革质，卵形至宽卵形或阔椭圆形至近圆形。花白色。果实长椭圆形，被银白色鳞片。花期9—10月，果期次年3—4月。

生长习性：喜光，耐干旱，抗海风、海雾，也较耐寒及水湿。

绿化应用：孤立栽植或者片植，适合作造型木，可与其他植物搭配造景。

观赏特性：四季常绿，叶色翠绿，匍枝优美，花芳香四溢，果奇特，色泽美观。

经济价值：果实可食用，也可以药用。

杂种胡颓子 胡颓子科胡颓子属

Elaeagnus pungens × *Elaeagnus macrophylla*

形态特征：常绿灌木，高2~3米。叶长达10厘米，表面暗绿色，有光泽，背面银白色。花乳白色，具银色鳞片，芳香。果橙红色，有银色雀斑。秋天开花，翌年春天果熟。

生长习性：喜高温、湿润气候，其耐盐性、耐旱性和耐寒性佳，抗风性强。

绿化应用：可以片植及做成球状灌木栽植等，是优良的防护和观赏树种。

观赏特性：枝叶茂密，生长快，四季常青，观叶、观果。

经济价值：果熟时味甜可食；根、叶、果实均可药用。

金边胡颓子 胡颓子科胡颓子属　　*Elaeagnus pungens* `Aurea`

形态特征：常绿灌木植物。株高2~4米。叶互生，叶片革质，呈椭圆形至长圆形，顶端短尖，基部圆形，叶缘具不规则黄色斑纹，背面银白色。花银白色。花期9—11月，次年5月果实成熟，果成熟时红色。

生长习性：喜阳光，耐寒，耐高温，耐干旱，怕水涝。

绿化应用：孤立栽植或者片植，适合作造型木，可与其他植物搭配造景。

观赏特性：枝条交错，叶背银色，叶边缘镶嵌黄斑，异常美观，是优良的观叶、观果植物。

经济价值：果实可食用，也可药用。

紫薇 千屈菜科紫薇属

Lagerstroemia indica

形态特征：落叶灌木或小乔木，高可达 10 米。叶互生或有时对生，纸质，椭圆形、阔矩圆形或倒卵形。花淡红色或紫色、白色；顶生圆锥花序。蒴果为椭圆状球体或阔椭球体。花期 6—9 月，果期 9—12 月。

生长习性：喜暖湿气候，喜光，略耐阴，亦耐干旱，忌涝。

绿化应用：孤植、对植、群植、丛植和列植等。

观赏特性：花色丰富，花姿优美，花色艳丽，花期长，亦可观干。

经济价值：根、皮、叶、花皆可入药。

金钟花 木樨科连翘属

Forsythia viridissima

形态特征：落叶灌木，高可达3米。枝棕褐色或红棕色，小枝呈四棱形，皮孔明显，具片状髓。叶片长椭圆形至披针形，具不规则锐锯齿或粗锯齿。花朵着生于叶腋，先于叶开放；花冠深黄色。花期3—4月，果期8—11月。

生长习性：喜光，略耐阴。喜温暖、湿润环境，较耐寒。适应性强，对土壤要求不严，耐干旱，较耐湿。

绿化应用：丛植或者片植，作绿篱或与其他植物搭配造景。

观赏特性：先叶而开花，金黄灿烂。

经济价值：果壳、根或叶可入药，是极好的中药原材。

116

金森女贞 木樨科女贞属

Ligustrum japonicum 'Howardii'

形态特征：常绿灌木或小乔木。枝叶稠密，叶对生，单叶卵形，革质、厚实、有肉感。花期6—7月，果实10—11月成熟。

生长习性：喜光，稍耐阴，耐旱，耐寒，对土壤要求不严，生长迅速。

绿化应用：常作地被或绿篱，与其他植物搭配造景。

观赏特性：春季新叶鲜黄色，冬季转成金黄色；叶色艳丽，植株繁茂。

经济价值：种子可入药。

形态特征：落叶灌木或乔木，高可达20米。叶片革质或薄革质，长圆形、椭圆形或圆形，有时为卵形或倒卵形至倒卵状披针形，先端圆钝，有时凹入或锐尖，基部圆或宽楔形至楔形。花冠白色。果椭圆形，被白粉，呈蓝黑色或黑色。花期3—6月，果期6—11月。

生长习性：喜光，不耐阴，耐寒，耐旱，忌积水，有一定的耐盐碱能力。

绿化应用：孤立栽植或者片植，适合作行道树。

观赏特性：树形高大优美，枝叶茂盛，初夏满树白花，如覆霜盖雪，清丽宜人。

经济价值：嫩叶可代茶叶作饮料；果实可榨油；木材可制作器具；芽、叶亦有药用价值。

流苏树 木樨科流苏树属 *Chionanthus retusus*

紫丁香 木樨科丁香属

Syringa oblata

形态特征：落叶灌木或小乔木，高可达5米；树皮灰褐色或灰色。小枝较粗，疏生皮孔。叶片革质或厚纸质，卵圆形至肾形。圆锥花序直立。果倒卵状椭圆形、卵形至长椭圆形。花期4—5月，果期6—10月。

生长习性：喜光，喜温暖、湿润及阳光充足的环境。

绿化应用：孤立栽植或者片植，与其他植物搭配造景。

观赏特性：花白色或紫色，芳香，布满整个枝叶，浓香袭人，极具观赏价值。

经济价值：花可以提取香精及入药。

大叶醉鱼草 马钱科醉鱼草属　*Buddleja davidii*

形态特征：灌木，高 1~5 米。小枝外展而下弯，略呈四棱形；幼枝、叶片下面、叶柄和花序均密被灰白色星状短绒毛。叶对生，叶片膜质至薄纸质，狭卵形、狭椭圆形至卵状披针形，稀宽卵形。总状或圆锥状聚伞花序顶生，花冠淡紫色，后变黄白色至白色，芳香。花期 5—10 月，果期 9—12 月。

生长习性：喜光，耐旱，耐瘠薄，也耐半阴。

绿化应用：孤立栽植或者片植，也可与其他植物搭配造景，是优良的庭园观赏植物。

观赏特性：叶茂花繁，花序大，花色丰富，花期长，芳香。

经济价值：全株供药用；花可提制芳香油。

Nerium oleander **夹竹桃** 夹竹桃科夹竹桃属

形态特征：常绿直立大灌木，高达5米，枝条灰绿色。叶3~4枚轮生。聚伞花序顶生，着花数朵，花芳香。花期6—10月，夏秋最盛。

生长习性：喜温暖湿润的气候，耐寒力不强。

绿化应用：在公园、风景区、道路旁或河旁、湖旁栽培。

观赏特性：叶片如柳似竹，红花灼灼，胜似桃花，花冠粉红至深红或白色，有特殊香气。

经济价值：茎皮纤维为优良混纺原料；种子可榨油供制润滑油。

形态特征：落叶蔓性灌木，长可达1.5米。具乳汁，除花外，全株无毛；茎皮灰褐色；小枝通常对生。叶卵状长圆形，顶端渐尖，叶面深绿色，叶背淡绿色。聚伞花序腋生，花冠紫红色，辐状。花期5—6月，果期7—9月。

生长习性：喜阳性，喜光，耐寒，耐旱，耐瘠薄，耐阴，耐盐碱，有较强的抗风蚀、抗沙埋的能力。

绿化应用：片植，适合用于墙体或篱笆绿化，与其他植物搭配造景。

观赏特性：花紫红色，花形奇特。

经济价值：根皮入药。

杠柳 萝藦科杠柳属 *Periploca sepium*

海州常山 马鞭草科大青属

Clerodendrum trichotomum

形态特征：落叶灌木或小乔木。叶片纸质，卵形、卵状椭圆形或三角状卵形，顶端渐尖，基部宽楔形至截形，偶有心形。伞房状聚伞花序顶生或腋生，通常二歧分枝。花萼蕾时绿白色，后呈紫红色。成熟时外果皮蓝紫色。花果期6—11月。

生长习性：喜阳光，稍耐阴、耐旱，有一定的耐寒性，耐盐碱。

绿化应用：孤立栽植、丛植或片植，也可与其他树木配植于庭院、山坡、溪边、堤岸、悬崖、石隙及林下。

观赏特性：花果共存，色泽亮丽，花果期长，植株繁茂，为良好的观花、观果植物。

经济价值：皮、根可药用。

形态特征：落叶灌木。茎匍匐，节处常生不定根。单叶对生，叶片倒卵形或近圆形，顶端通常钝圆或有短尖头，基部楔形。圆锥花序顶生，花序梗密被灰白色绒毛；花萼钟形，花冠淡紫色或蓝紫色。核果近圆形，成熟时黑色。7—8月开花，8—10月结果。

生长习性：耐旱，耐碱，耐高温和短期霜冻，喜阳光充足的环境。

绿化应用：丛植、片植或与其他植物搭配造景。

观赏特性：花蓝色，清新雅致。

经济价值：果实可供药用。

单叶蔓荆 马鞭草科牡荆属 *Vitex rotundifolia*

形态特征：落叶灌木。单叶对生，叶长卵形，边缘有粗齿，叶鹅黄色。聚伞花序紧密，腋生于枝条上部，自下而上开放；花冠、雄蕊、雌蕊均为淡蓝色，花紫色。花期7—8月，果期8—9月。

生长习性：喜光，也耐半阴，耐旱，耐热，耐寒。

绿化应用：适宜片植，作色带、色篱、地被，也可修剪成球，观赏价值高。

观赏特性：叶片金黄色；花在夏末秋初的少花季节开放，蓝紫色，簇生叶腋。

经济价值：叶可以提取香精。

Caryopteris × *clandonensis* 'Worcester Gold'

金叶莸 唇形科莸属

枸杞 茄科枸杞属 *Lycium chinense*

形态特征： 落叶灌木，高可达 2 米多；枝条细弱，弓状弯曲或俯垂，淡灰色，有纵条纹。叶纸质或栽培者质稍厚，单叶互生或 2~4 枚簇生，卵形、卵状菱形、长椭圆形、卵状披针形，顶端急尖，基部楔形。花在长枝上单生或双生于叶腋，在短枝上则同叶簇生。浆果红色，卵状。花果期 6—11 月。

生长习性： 喜冷凉气候，耐寒力很强，耐盐碱。

绿化应用： 孤立栽植或者片植。

观赏特性： 树形婀娜，叶翠绿，花淡紫，果实鲜红，是很好的观赏植物。

经济价值： 果实可食用；果、皮可入药。

金银忍冬 忍冬科忍冬属

Lonicera maackii

形态特征：落叶灌木或小乔木，高达 6 米。叶纸质，形状变化较大，通常卵状椭圆形至卵状披针形，稀矩圆状披针形或倒卵状矩圆形，更少菱状矩圆形或圆卵形。花芳香，生于幼枝叶腋。果实暗红色，圆形。花期 5—6 月，果熟期 8—10 月。

生长习性：喜温暖的环境，亦较耐寒。

绿化应用：园林中庭院、水滨、草坪栽培。

观赏特性：春天可赏花闻香，秋天可观红果累累。春末夏初层层开花，金银相映。

经济价值：茎皮可制人造棉；花可提取芳香油；种子榨的油可制肥皂；根、茎、叶可入药。

形态特征：落叶灌木，高达 1~3 米；幼枝稍四方形，树皮灰色。叶矩圆形、椭圆形至倒卵状椭圆形。花单生或呈聚伞花序生于侧生短枝的叶腋或枝顶，花冠紫红色或玫瑰红色。花期 4—6 月。

生长习性：喜光，耐阴，耐寒；对土壤要求不严，能耐瘠薄土壤。

绿化应用：可于庭院墙隅、湖畔群植，也可在树丛、林缘作篱笆、丛植、配植，或点缀于假山、坡地。

观赏特性：花叶同放，叶片金黄色，枝叶茂密，花色艳丽。

锦带花 忍冬科锦带花属 *Weigela florida*

形态特征：落叶灌木，植株高 1.5~1.8 米。叶长椭圆形，带紫晕，嫩枝淡红色，老枝灰褐色；整个生长季叶片为紫红色，枝条开展成拱形。聚伞花序生于叶腋或枝顶，花冠漏斗状钟形，花朵密集，紫粉色，花期 4—10 月。

生长习性：性喜光，抗寒，抗旱，管理比较粗放，也较耐阴。

绿化应用：可在庭院墙隅、湖畔群植，也可在树丛、林缘作花篱、丛植、配植，或点缀于假山、坡地。

观赏特性：花叶同放，叶片紫红色，枝叶茂密，紫叶衬红花，非常俏丽。

Weigela florida 'Purpurea'　**紫叶锦带花** 忍冬科锦带花属

形态特征：落叶灌木，植株高2米。叶长椭圆形，嫩枝淡红色，老枝灰褐色。枝条开展呈拱形。聚伞花序生于叶腋或枝顶，花冠漏斗状钟形，夏初开花，花朵密集。花期5—10月。

生长习性：喜光，耐寒，耐干旱、瘠薄，忌水涝。

绿化应用：可孤植于庭院的草坪之中，可丛植于路旁或作花篱，也可用来作色块，树形格外美观。

观赏特性：花叶同放，叶片金黄色，红花点缀于金叶中，甚为美观。

Weigela florida 'Rubidor'

金叶锦带花 忍冬科锦带花属

形态特征：常绿灌木。株高50~150厘米，具茎，有时分枝，叶密集，螺旋排列于茎端，质坚硬，有白粉，剑形。圆锥花序高1米余，花大而下垂，乳白色，常带红晕。蒴果干质，下垂，椭圆状卵形。花期6—10月。

生长习性：喜温暖湿润和阳光充足的环境，性强健，耐瘠薄、耐寒、耐阴、耐旱，也较耐湿、耐盐碱。

绿化应用：花坛中央、建筑前、草坪中、池畔、台坡、建筑物、路旁及绿篱等栽植用。

观赏特性：常年浓绿，花、叶皆美，树态奇特，叶形如剑，花色洁白，姿态优美，幽香宜人。

经济价值：叶可制作缆绳；叶片还可提取甾体激素；花可入药。

Yucca gloriosa　风尾丝兰　百合科丝兰属

紫藤 豆科紫藤属

Wisteria sinensis

形态特征：落叶藤本。茎左旋，枝较粗壮。奇数羽状复叶，小叶纸质，卵状椭圆形至卵状披针形，上部小叶较大。总状花序发自上年短枝的腋芽或顶芽，芳香；花梗细，花萼杯状，花冠紫色。荚果倒披针形。花期4—5月，果期5—8月。

生长习性：喜光，略耐荫，抗寒力强，能耐 −25 ℃的低温，对土壤要求不严。

绿化应用：适合用于廊架或墙体绿化。

观赏特性：花序长，花紫色或白色，花量大，芳香，先叶开放或者花叶同放。

经济价值：花可食用、提炼芳香油；皮可入药。

132

扶芳藤 卫矛科卫矛属

Euonymus fortunei

形态特征：常绿藤本灌木。小枝方棱不明显。叶薄革质，椭圆形、长方椭圆形或长倒卵形。聚伞花序 3~4 次分枝。蒴果粉红色，果皮光滑，近球状，假种皮鲜红色。花期 6 月，果期 10 月。

生长习性：喜温暖、湿润环境，喜阳光，亦耐阴，土壤适应性强，在酸性、碱性及中性土壤上均能正常生长。

绿化应用：片植，适合作护坡地被。

观赏特性：常绿匍匐灌木，秋冬季叶色艳红，为园林彩化、绿化的优良植物。

经济价值：叶、茎、枝可入药。

形态特征：木质藤本。卷须 5~9 分枝。叶为单叶，叶片通常倒卵圆形，基部心形，边缘有粗锯齿。花序着生在短枝上，基部分枝，形成多歧聚伞花序。果实球形，成熟时蓝黑色，被白粉。花期 5—8 月，果期 9—10 月。

生长习性：性喜阴湿环境，但不怕强光，耐寒，耐旱，耐贫瘠。

绿化应用：片植，适合作护坡地被或用于墙体绿化。

观赏特性：秋季叶色变黄或红，鲜艳、透亮。

经济价值：根、茎可入药。

Parthenocissus tricuspidata

地锦 葡萄科地锦属

五叶地锦 葡萄科地锦属

Parthenocissus quinquefolia

形态特征: 木质藤本。小枝圆柱形。叶对生,卷须顶端嫩时尖细卷曲,后遇附着物扩大成吸盘。叶为掌状5小叶。花序假顶生形成主轴明显的圆锥状多歧聚伞花序。花期6—7月,果期8—10月。

生长习性: 喜温暖气候,耐寒,耐阴,耐贫瘠,在中性或偏碱性土壤中均可生长。

绿化应用: 绿化、美化、彩化、净化的垂直绿化好材料,适合作护坡地被或用于墙体绿化。

观赏特性: 叶片大,秋季叶色变黄或红。

经济价值: 藤茎可入药。

鹅绒藤 夹竹桃科鹅绒藤属

Cynanchum chinense

形态特征：缠绕草本，全株被短柔毛。叶对生，薄纸质，宽三角状心形，叶面深绿色，叶背苍白色，两面均被短柔毛。伞形聚伞花序腋生，花冠白色。花期6—8月，果期8—10月。

生长习性：喜阳，耐半阴。

绿化应用：藤本花卉，可与其他植物搭配造景。

观赏特性：花白色，果奇特。

经济价值：全草可入药。

络石 夹竹桃科络石属

Trachelospermum jasminoides

形态特征：常绿木质藤本，具乳汁。叶革质或近革质，椭圆形至卵状椭圆形或宽倒卵形。二歧聚伞花序腋生或顶生，花白色，芳香。蓇葖果双生，叉开。花期5—6月，果期7—12月。

生长习性：喜弱光，亦耐烈日高温，在酸性土及碱性土上均可生长，较耐干旱。

绿化应用：片植，适合用于墙体或篱笆绿化，与其他植物搭配造景。

观赏特性：四季常绿，花形奇特。

经济价值：根、茎、叶、果实供药用。

137

花叶络石 夹竹桃科络石属

Trachelospermum jasminoides 'Flame'

形态特征：常绿木质藤蔓植物，内具乳汁；小枝、嫩叶柄及叶背面被有短绒毛。叶对生，卵形，革质，在全光照下，椭圆形至卵状椭圆形或宽倒卵形，叶面有不规则白色或乳黄色斑点，新叶与老叶间有数对斑状花叶。

生长习性：耐干旱，抗短期洪涝，抗寒能力强。

绿化应用：片植，适合用于墙体或篱笆绿化，与其他植物搭配造景。

观赏特性：叶色十分丰富，色彩斑斓，宛如开放的花朵，艳丽多彩，非常漂亮。

经济价值：根、茎、叶、果实供药用。

形态特征：多年生草质藤本，长达8米，具乳汁。茎圆柱状，下部木质化，上部较柔韧，表面淡绿色，有纵条纹。叶膜质，卵状心形，叶面绿色，叶背粉绿色。总状聚伞花序腋生或腋外生，花冠白色，有淡紫红色斑纹。蓇葖果叉生，纺锤形，平滑无毛。花期7—8月，果期9—12月。

生长习性：稍耐干旱；喜光，稍耐阴；喜温暖，耐低温。

绿化应用：布置庭院，是矮墙、花廊、篱栅等处的良好垂直绿化材料。

观赏特性：伞形花序，花白色，观果。

经济价值：全株可入药。

Metaplexis japonica

萝藦 萝藦科萝藦属

忍冬 忍冬科忍冬属 *Lonicera japonica*

形态特征：半常绿藤本。叶纸质，卵形至矩圆状卵形，有时卵状披针形，稀圆卵形或倒卵形。总花梗通常单生于小枝上部叶腋，花冠白色，有时基部向阳面微红，后变黄色。花期4—6月，果熟期10—11月。

生长习性：喜阳，耐阴，耐寒性强，也耐干旱和水湿。

绿化应用：作绿化矮墙，亦可制作花廊、花架、花栏、花柱以及缠绕假山石等。

观赏特性：花先白后黄，黄白相映，色香俱备，花叶兼美。

经济价值：花可制茶，可入药。

Campsis grandiflora 凌霄 紫葳科凌霄属

形态特征：攀缘藤本。茎木质，表皮脱落，枯褐色，以气生根攀附于他物之上。叶对生，为奇数羽状复叶；小叶7~9枚，卵形至卵状披针形。顶生疏散的短圆锥花序。花萼钟状。花冠内面鲜红色，外面橙黄色。花期5—8月。

生长习性：性喜光，宜温暖，幼苗耐寒力较差。

绿化应用：庭院中绿化的优良植物，适合作护坡地被，或与其他植物搭配造景。

观赏特性：夏季开花，花朵漏斗形，大红或金黄，色彩鲜艳。

经济价值：花可入药。

地肤 藜科地肤属 *Kochia scoparia*

形态特征：一年生草本，高 50~100 厘米。茎直立，圆柱状，淡绿色或带紫红色，有数条棱。叶为平面叶，披针形或条状披针形。花两性或雌性，通常 1~3 个生于上部叶腋，淡绿色。花期 6—9 月，果期 7—10 月。

生长习性：喜温暖，喜光，耐干旱，不耐寒，对土壤要求不严格，较耐碱性土壤。

绿化应用：孤立栽植或者片植，也可用于布置花篱、花境。

观赏特性：枝叶秀丽，叶形纤细，株形优美，叶嫩绿，入秋泛红，观赏效果极佳。

经济价值：嫩茎叶可食用；老株可作扫帚；可药用。

Suaeda glauca **碱蓬** 藜科碱蓬属

形态特征：一年生草本，高可达 1 米。茎直立，粗壮，圆柱状，浅绿色，有条棱。叶丝状条形，半圆柱状。花果期 7—9 月。

生长习性：抗逆性强，耐盐，耐湿，耐瘠薄。

绿化应用：片植。

观赏特性：秋季叶色变红，观赏效果好。

经济价值：嫩苗味道鲜美，可以食用；种子药用。

肥皂草 石竹科肥皂草属

Saponaria officinalis

形态特征：多年生草本，高30~70厘米，茎直立。叶片椭圆形或椭圆状披针形，基部渐狭成短柄状，微合生，半抱茎，顶端急尖。聚伞圆锥花序，小聚伞花序有3~7花，花白色。花期6—9月。

生长习性：喜光，耐半阴，耐寒，耐盐碱。

绿化应用：花坛、花境、岩石园布置栽植。

观赏特性：秋季开花，先是白花，后转成粉红色，花形优美，香味浓郁。

经济价值：根可入药。

形态特征：多年生草本植物。叶表面有光泽；基生叶少数，为二回三出复叶；茎生叶数枚，为一至二回三出复叶。花3~7朵，萼片黄绿色。5—7月开花，7—8月结果。

生长习性：性喜凉爽气候，忌夏季高温曝晒，性强健而耐寒。

绿化应用：成片植于草坪上、密林下，也宜在洼地、溪边等潮湿处作地被覆盖。应用于自然式栽植、花境、花坛、岩石园。

观赏特性：花量大，花形奇特像漏斗，花姿娇小玲珑，花色明快。

经济价值：全草可入药。

Aquilegia viridiflora

耧斗菜 毛茛科耧斗菜属

大叶铁线莲 毛茛科铁线莲属

Clematis heracleifolia

形态特征：直立草本或半灌木。高约 0.3~1
米。茎粗壮，有明显的纵条纹，密生白色
糙绒毛。三出复叶，小叶片亚革质或厚纸
质，卵圆形，宽卵圆形至近圆形。聚伞花
序顶生或腋生，萼片蓝紫色。瘦果卵圆形。
花期 8—9 月，果期 10 月。

生长习性：喜阳光，喜潮湿，对土壤要求
不严。

绿化应用：可在疏林下、林缘、坡地等多
种立地种植，景观效果良好。

观赏特性：萼片蓝色，优雅别致。

经济价值：全草及根供药用。

146

八宝 景天科八宝属

Hylotelephium spectabile

形态特征：多年生草本。茎直立，高30~70厘米。叶对生或3叶轮生，卵形至宽卵形或长圆状卵形。花序大型，伞房状，顶生，花密生，花瓣5，淡紫红色至紫红色。花期8—9月，果期9—10月。

生长习性：喜强光和干燥，耐寒，耐贫瘠，耐干旱，耐盐碱。

绿化应用：是布置花坛、花境和点缀草坪、岩石园的好材料。

观赏特性：花色艳丽，群植效果极佳。

经济价值：全草入药。

费菜 景天科费菜属

Phedimus aizoon

形态特征： 多年生草本。茎高 20~50 厘米。叶互生，狭披针形、椭圆状披针形至卵状倒披针形。聚伞花序有多花，花黄色。花期6—7月，果期8—9月。

生长习性： 喜光照，喜温暖湿润气候，耐旱，耐严寒，不耐水涝；对土壤要求不严格，一般土壤即可生长，耐盐碱。

绿化应用： 可作花坛、花境、地被植物，岩石园中多采用其他植物作为镶边植物。

观赏特性： 花色艳丽，花期长，片植效果极佳。

经济价值： 全草入药。

形态特征：多年生草本，高 30~120 厘米。茎直立，有棱。基生叶为羽状复叶，有小叶 4~6 对，小叶片有短柄，卵形或长圆状卵形。穗状花序椭圆形，圆柱形或卵球形，紫红色。花果期 7—10 月。

生长习性：喜阳，耐寒，耐旱，对土壤要求不严。

绿化应用：作花境背景或栽植于庭院、花园供观赏。

观赏特性：叶形美观，其紫红色穗状花序摇曳于翠叶之间，高贵典雅。

经济价值：嫩茎叶可食用；根可入药。

Sanguisorba officinalis **地榆** 蔷薇科地榆属

蜀葵 锦葵科蜀葵属 *Alcea rosea*

形态特征： 二年生直立草本，高达 2 米，茎枝密被刺毛。叶近圆心形，掌状 5~7 浅裂或波状棱角。花腋生，单生或近簇生，排列成总状花序式，具叶状苞片，花大，有红、紫、白、粉红、黄和黑紫等色，单瓣或重瓣。花果期 2—8 月。

生长习性： 喜阳光充足环境，耐半阴，但忌涝；耐盐碱能力强，在含盐 0.6% 的土壤中仍能生长。

绿化应用： 建筑物旁、假山旁或点缀花坛、草坪，成列或成丛种植。

观赏特性： 花色丰富多彩，颜色鲜艳，给人清新的感觉，很受人喜爱。

经济价值： 嫩叶及花可食；皮为优质纤维；全株入药。

150

形态特征：多年生草本宿根植物，高1~2米，落叶灌木状。茎粗壮直立，基部半木质化，具有粗壮肉质根。单叶互生，具有叶柄，叶大，三浅裂或不裂，基部圆形或卵状椭圆形。花序为总状花序，朝开夕落。花大，单生于枝上部叶腋间，有白、粉、红、紫等颜色，蒴果扁球形。花果期6—10月。

生长习性：耐寒，耐旱，耐盐碱，极耐高温，略耐阴，耐水湿。

绿化应用：丛植、列植于道路两旁或点缀于草坪，或应用于背景植材，观赏效果较好。

观赏特性：花大，花色丰富，夏季开花。

Hibiscus grandiflorus **大花秋葵** 锦葵科木槿属

红秋葵 锦葵科木槿属 *Hibiscus coccineus*

形态特征：多年生直立草本，高 1~3 米。叶指状 5 裂，裂片狭披针形，先端锐尖，基部楔形，边缘具疏齿，两面均平滑无毛。花单生于枝端叶腋间。萼大，叶状，钟形，花瓣玫瑰红至洋红色，倒卵形。蒴果近球形。花期 8 月。

生长习性：喜温暖和强光，耐热，不耐霜冻，耐旱，耐湿，耐盐碱。

绿化应用：丛植、列植于道路两旁或点缀于草坪，或应用于背景植材。

观赏特性：叶片深裂，变化大；花较大，花深红色或白色，夏季开花。

千屈菜 千屈菜科千屈菜属

Lythrum salicaria

形态特征：多年生草本。茎直立，多分枝，高30~100厘米，全株青绿色，略被粗毛或密被绒毛，枝通常具4棱。叶对生或三叶轮生，披针形或阔披针形。花组成小聚伞花序，簇生，花瓣6，红紫色或淡紫色。蒴果扁圆形。花期7—9月。

生长习性：喜强光，耐寒性强，喜水湿，对土壤要求不严。

绿化应用：河岸、湖畔、溪沟边及湿地。

观赏特性：姿态娟秀整齐，花色艳丽醒目，花期长。

经济价值：嫩茎叶可作野菜食用；全草药用。

月见草 柳叶菜科月见草属

Oenothera biennis

形态特征：二年生草本，基生莲座叶丛紧贴地面，茎高50~200厘米。基生叶倒披针形，先端锐尖，基部楔形。茎生叶椭圆形至倒披针形。花序穗状。花期6—8月，果期8—9月。

生长习性：耐瘠薄，抗旱，耐寒，耐盐碱。

绿化应用：片植或与其他植物搭配造景。

观赏特性：花黄色艳丽。

经济价值：全草入药。

美丽月见草 柳叶菜科月见草属

Oenothera speciosa

形态特征： 多年生草本植物，株高40~50厘米。叶互生，披针形，先端尖，基部楔形，下部有波缘或疏齿，上部近全缘，绿色。花单生或2朵着生于茎上部叶腋，花瓣4，粉红色，具暗色脉缘，雄蕊黄色，雌蕊白色。蒴果。花果期4—10月。

生长习性： 喜光，耐旱，对土壤要求不严，一般在中性、微碱性土壤上均可生长。

绿化应用： 片植或与其他植物搭配造景。

观赏特性： 花为亮丽的粉红色，花径大，花量多，花期长。

经济价值： 根入药。

山桃草 柳叶菜科山桃草属

Gaura lindheimeri

形态特征：多年生草本。茎直立，高60~100厘米。叶无柄，椭圆状披针形或倒披针形，向上渐变小，先端锐尖，基部楔形，边缘具远离的齿突或波状齿，两面被近贴生的长柔毛。花序长穗状，生于茎枝顶部，花开放时反折；花瓣白色，后变粉红，排向一侧。蒴果坚果状。花期5—8月，果期8—9月。

生长习性：喜光，耐寒，耐半阴。

绿化应用：适合群栽，供花坛、花境、地被、草坪点缀，适用于园林绿地，多成片群植，也可用于庭院绿化。

观赏特性：花序长而飘逸，花量大，在花序上渐次开放，花似飞鸟，又名"千鸟花"，花形似桃花，极具观赏性。

紫叶山桃草 柳叶菜科山桃草属

Gaura lindheimeri `Crimson Butterflies`

形态特征: 多年生宿根草本。株高80~130厘米,全株具粗毛。多分枝。叶片紫色,披针形,先端尖,缘具波状齿。穗状花序顶生,细长而疏散。花小而多,粉红色。花期5—11月。

生长习性: 性耐寒,喜凉爽及半湿润环境,要求阳光充足。

绿化应用: 栽植于花园、公园、绿地中的花坛、花境,或作地被植物群栽,与柳树配植或用于点缀草坪效果甚好。

观赏特性: 叶片紫色,花序长而飘逸,花多而繁茂,婀娜轻盈。

二色补血草 白花丹科补血草属

Limonium bicolor

形态特征：多年生草本。叶基生，匙形至长圆状匙形，先端通常圆或钝，基部渐狭成平扁的柄。花序圆锥状。花序轴单生。萼檐初时淡紫红或粉红色，花冠黄色。花期5—7月，果期6—8月。

生长习性：喜光，耐旱，耐盐碱。

绿化应用：丛植或片植，与其他植物搭配造景。

观赏特性：花冠黄色；萼较大，紫色或粉色。

经济价值：可加工香囊、香袋；根、叶、花、枝均可入药。

罗布麻 夹竹桃科罗布麻属

Apocynum venetum

形态特征：直立半灌木，一般高约2米，最高可达4米，具乳汁。枝条对生或互生，圆筒形，光滑无毛，紫红色或淡红色。叶对生，叶片椭圆状披针形至卵圆状长圆形。圆锥状聚伞花序；花冠圆筒状钟形，紫红色或粉红色。花期4—9月（盛开期6—7月），果期7—12月（成熟期9—10月）。

生长习性：耐寒，耐旱，耐高温，耐盐碱。

绿化应用：片植或与其他植物搭配造景。

观赏特性：花红色，枝条柔软，茎皮红色。

经济价值：可以制茶；根、叶、花与种子均可药用。

砂引草 紫草科砂引草属

Tournefortia sibirica

形态特征：多年生草本，高 10~30 厘米，有细长的根状茎。茎单一或数条丛生，直立或斜升，通常分枝。叶披针形、倒披针形或长圆形。花冠黄白色，钟状。核果椭圆形或卵球形。花期 5 月，果实 7 月成熟。

生长习性：喜光，耐干旱，耐盐碱。

绿化应用：丛植或片植，与其他植物搭配造景。

观赏特性：花钟状、美观。

经济价值：作饲料用。

Verbena bonariensis **柳叶马鞭草** 马鞭草科马鞭草属

形态特征：多年生草本植物，茎直立，株高约1.5米。叶对生，线形或披针形，先端尖，基部无柄，绿色。由数十朵小花组成聚伞花序，顶生，小花蓝紫色。花期5—9月。

生长习性：喜阳光充足环境，怕雨涝。性喜温暖气候。

绿化应用：丛植、片植或与其他植物搭配造景。

观赏特性：花紫色，花期长，色彩亮丽。

地笋 唇形科地笋属

Lycopus lucidus

形态特征：多年生草本，高达 1.5 米。茎直立，四棱形，具槽。叶具极短柄或近无柄，长圆状披针形，先端渐尖，基部渐狭，边缘具锐尖粗牙齿状锯齿。轮伞花序无梗，轮廓圆球形，多花密集。花期 6—9 月，果期 8—11 月。

生长习性：喜温暖湿润气候，耐寒，不怕水涝。

绿化应用：片植或与其他植物搭配造景。

观赏特性：茎四棱，叶碧绿，颇为美观。

经济价值：根可以食用；全草入药。

薄荷 唇形科薄荷属

Mentha canadensis

形态特征：多年生草本。茎直立，高30~60厘米，锐四棱形，具四槽，下部数节具匍匐根状茎。叶片长圆状披针形、披针形、椭圆形或卵状披针形，稀长圆形。轮伞花序腋生，轮廓球形。花期7—9月，果期10月。

生长习性：喜阳光，耐寒，耐旱。

绿化应用：用于花坛、花境等，片植或与其他植物搭配造景。

观赏特性：叶色碧绿，茎四棱，花芳香。

经济价值：幼嫩茎尖可作菜食；全草可入药。

形态特征：多年生草本。茎直立，绿色，钝四棱形。叶无柄或近于无柄，卵状长圆形或长圆状披针形，基部宽楔形至近圆形。轮伞花序生于茎及分枝顶端。花期7—9月。

生长习性：喜湿润，喜光，稍耐盐碱。

绿化应用：片植或与其他植物搭配造景。

观赏特性：叶碧绿，茎四棱，花芳香。

经济价值：茎、叶经蒸馏可提取留兰香油，可入药也可食用。

留兰香 唇形科薄荷属 *Mentha spicata*

假龙头花 唇形科假龙头花属

Physostegia virginiana

形态特征：多年生宿根草本，株高60~120厘米。茎四方形、丛生而直立。单叶对生，披针形，亮绿色，边缘具锯齿。穗状花序顶生；花冠唇形，花有白、深桃红、玫红、浅紫等色。花期8—10月。

生长习性：喜温暖，耐寒性也较强，喜阳光充足的环境。

绿化应用：用于花坛、草地栽培，片植或与其他植物搭配造景。

观赏特性：株态挺拔，叶秀花艳，造型别致。

经济价值：作硅藻泥材料。

形态特征：多年生草本。丛生，株高 30~60 厘米。分枝较多，茎下部叶为二回羽状复叶，茎上部叶为一回羽状复叶，具短柄。轮伞花序含 2~6 朵花，组成顶生假总状或圆锥花序，花色为蓝色、淡蓝色、淡紫色、淡红色或白色。花期 4—10 月。

生长习性：喜光照充足和湿润环境，耐旱性好，耐寒性较强。

绿化应用：用于路边绿化、花坛和园林景点的美化，片植或与其他植物搭配造景。

观赏特性：花色丰富，花期长而芳香。

经济价值：可制作香包，同时可用于提炼精油，可以药用。

蓝花鼠尾草 唇形科鼠尾草属 *Salvia farinacea*

深蓝鼠尾草 唇形科鼠尾草属

Salvia guaranitica 'Black and Blue'

形态特征: 多年生草本,分枝多,株形高,可达1.5米以上。叶对生,卵圆形,全缘或具钝锯齿,色灰绿,质地厚,叶表有凹凸状织纹。轮伞花序,花深蓝色。花期4—12月。

生长习性: 喜欢温暖、阳光充足的环境。

绿化应用: 片植或与其他植物搭配造景。

观赏特性: 花深蓝色,优雅别致。

经济价值: 花可用来泡茶、提炼香精。

丹参 唇形科鼠尾草属

Salvia miltiorrhiza

形态特征：多年生直立草本。叶常为奇数羽状复叶，卵圆形或椭圆状卵圆形或宽披针形，先端锐尖或渐尖。顶生或腋生总状花序；苞片披针形，花萼钟形，带紫色，花冠紫蓝色。花期4—8月，花后见果。

生长习性：喜气候温和、光照充足、空气湿润、土壤肥沃的环境，微碱性土壤也可种植。

绿化应用：片植或与其他植物搭配造景。

观赏特性：花蓝色，清新雅致。

经济价值：根入药。

天蓝鼠尾草 唇形科鼠尾草属

Salvia uliginosa

形态特征: 多年生草本植物,株高30~90厘米。茎四方形,基部略木质化,分枝较多,有毛。叶对生,长椭圆形,先端圆,全缘或具钝锯齿。轮伞花序,花紫色或青色。花期6—9月。

生长习性: 喜温暖、阳光充足的环境,抗寒,耐寒,耐旱,耐盐碱。

绿化应用: 在庭院、建筑物前、岩石园及各类公园绿地成片栽植或布置混合花境均宜。

观赏特性: 花色繁多,色彩鲜艳,花期极长。

经济价值: 花可用来泡茶,可以提炼香精。

形态特征：高大草本或半灌木，高可达 2 米。茎有棱条。羽状复叶的托叶叶状或有时退化成蓝色的腺体；小叶片互生或对生，狭卵形，先端长渐尖。复伞形花序顶生，花冠白色。果实红色。4—5 月开花，8—9 月结果。

生长习性：适应性较强，对气候要求不严，喜向阳环境，但又能稍耐阴。

绿化应用：适宜在边坡或水系两侧等处栽植。

观赏特性：观叶、观果。

经济价值：全草入药，可治跌打损伤，有祛风湿、通经活血、解毒消炎之功效。

Sambucus javanica

接骨草 忍冬科接骨木属

形态特征：多年生草本，茎高达120厘米。叶全部轮生，无柄或有极短的柄，叶片卵形，卵状椭圆形至披针形。花单朵顶生，或数朵集成假总状花序，或有花序分枝而集成圆锥花序；花萼筒部半圆球状或圆球状倒锥形，花冠大，蓝色或紫色。蒴果球状。花期7—9月。

生长习性：喜凉爽气候，耐寒，喜阳光。

绿化应用：片植或与其他植物搭配造景。

观赏特性：花未开似铃铛，开后呈钟形，花色优雅，极为可爱。

经济价值：嫩茎叶可以食用；根入药。

Platycodon grandiflorus

桔梗 桔梗科桔梗属

云南蓍 菊科蓍属

Achillea wilsoniana

形态特征：多年生草本，有短的根状茎。茎直立，不分枝或有时上部分枝，叶腋常有不育枝。叶无柄，中部叶二回羽状全裂或一回羽状裂。头状花序多数，集成复伞房花序；总苞宽钟形或半球形，管状花淡黄色或白色。瘦果矩圆状楔形，具翅。花果期7—9月。

生长习性：喜光，耐半阴。

绿化应用：可用于庭院、公共绿地、道路绿岛的绿化，还是布置花坛的好材料，也适宜花境应用。

观赏特性：植株低矮，花繁色艳，开花早，花期长，绿期长，观赏价值高。

经济价值：全草入药。

172

形态特征：多年生草本。主根单一，垂直，细长。茎单生，高80厘米，具不明显的细棱，多分枝。叶片羽状深裂，叶色黄绿相间，在阳光下十分醒目。花期8—9月。

生长习性：适应性强，耐瘠薄，稍耐盐碱。

绿化应用：在花境、花坛、岩石园、瘠薄土地栽培。

观赏特性：彩叶观赏地被植物。

经济价值：可以提取香精。

Artemisia vulgaris 'Variegate' 花叶艾 菊科蒿属

大花金鸡菊 菊科金鸡菊属

Coreopsis grandiflora

形态特征：多年生草本，高20~100厘米。茎直立，下部常有稀疏的糙毛，上部有分枝。叶对生；基部叶有长柄，披针形或匙形；下部叶羽状全裂，裂片长圆形。头状花序单生于枝端，花黄色。花期5—9月。

生长习性：喜光，耐干旱、湿润与半阴，对土壤适应性强，在中性、偏碱性土壤中均能生长良好，性耐寒。

绿化应用：栽植于花境、坡地、庭院、道路、河道护坡等。

观赏特性：花大而艳丽，花开时一片金黄，在绿叶的衬托下，犹如金鸡独立，绚丽夺目。

经济价值：可以作饲料；花可以提取黄色素。

松果菊 菊科松果菊属

Echinacea purpurea

形态特征：多年生草本。株高60~150厘米，全株具粗毛，茎直立。头状花序单生于枝顶或数多聚生，花径达10厘米，舌状花紫红色，管状花橙黄色。花期夏秋。

生长习性：稍耐寒，喜生于温暖向阳处，喜肥沃、深厚、富含有机质的土壤。

绿化应用：可作花境、花坛、坡地的绿化材料，片植或与其他植物搭配造景。

观赏特性：花朵大型，花色艳丽、外形美观，具有很高的观赏价值。

经济价值：全株可入药。

175

形态特征：多年生草本，高60~100厘米，全株被粗节毛。基生叶和下部茎叶长椭圆形或匙形，全缘或羽状缺裂，叶有长叶柄；中部茎叶披针形、长椭圆形或匙形，基部无柄或心形抱茎。头状花序，舌状花黄色。花果期7—8月。

生长习性：喜光照充足、温暖环境，耐热、耐寒，耐干旱，忌积水。

绿化应用：花坛、花海、庭院栽培，也可用于野花组合、草地或盆花栽培。

观赏特性：花朵繁茂整齐，花色鲜艳，花量大，花期长。

经济价值：花可以入药。

Gaillardia aristata

宿根天人菊 菊科天人菊属

形态特征：多年生草本，高 1~3 米。茎直立，有分枝，被白色短糙毛或刚毛。叶通常对生，有叶柄，但上部叶互生，下部叶卵圆形或卵状椭圆形。头状花序较大，少数或多数，单生于枝端，花黄色。花期 8—9 月。

生长习性：喜光，耐寒，抗旱，耐盐碱。

绿化应用：片植或与其他植物搭配造景。

观赏特性：花金黄艳丽，盛夏开花。

经济价值：根茎可以食用。

Helianthus tuberosus

菊芋 菊科向日葵属

形态特征：多年生草本。茎基部膨大呈扁球形，地上茎直立，株形锥状。基生叶线形，长达30厘米。头状花序排列成密穗状，长60厘米，因多数小头状花序聚集成长穗状花序，呈鞭形而得名。花期7—8月。

生长习性：耐寒，耐水湿，耐贫瘠，喜阳光充足、气候凉爽的环境。

绿化应用：花坛、花境和庭院植物，是优秀的园林绿化新材料。

观赏特性：叶色浓绿，姿态优美，花红紫色，花期长，色彩绚丽，恬静宜人。

经济价值：切花材料。

Liatris spicata

蛇鞭菊 菊科蛇鞭菊属

形态特征：多年生草本。叶互生。头状花序大，有异形小花，周围有一层不结实的舌状花，管状花黄棕色或紫褐色，管部短，上部圆柱形。瘦果。花期7—10月。

生长习性：喜光，耐寒，耐旱。

绿化应用：片植或与其他植物搭配造景。

观赏特性：叶蓝色，花独特，颇具观赏性。

Rudbeckia maxima

大头金光菊 菊科金光菊属

串叶松香草 菊科松香草属 *Silphium perfoliatum*

形态特征：多年生草本，株高 2~3 米。茎直立，四棱形，上部分枝。叶对生，茎从两片叶中间贯穿而出，叶卵形，先端急尖，下部叶基部渐狭成柄，边缘具粗牙齿。头状花序，在茎顶呈伞房状，花黄色。花期 6—9 月。

生长习性：喜温暖湿润气候，对土壤要求不严。

绿化应用：片植或与其他植物搭配造景。

观赏特性：花黄色艳丽，盛夏开，比较美观。

经济价值：作饲料用。

碱菀 菊科碱菀属

Tripolium pannonicum

形态特征：一年生草本。茎高 30~50 厘米，有时达 80 厘米，单生或数个丛生于根颈上，下部常带红色，无毛。头状花序排成伞房状，有长花序梗。总苞近管状，花后钟状。花果期 8—12 月。

生长习性：喜光，耐瘠薄，耐盐碱。

绿化应用：适宜在海岸、湖滨、沼泽及盐碱地栽植。

观赏特性：秋季霜后茎叶变红，十分美观。

经济价值：全草入药，有清热、解毒、祛风、利湿之效。

181

芦竹 禾本科芦竹属

Arundo donax

形态特征：多年生草本，具发达根状茎。秆粗大、直立，高 3~6 米。具多数节，常生分枝。圆锥花序极大型。花果期 9—12 月。

生长习性：喜温暖，喜水湿，耐寒性不强。

绿化应用：片植，适合作水岸护坡植被或背景植被。

观赏特性：生长势强健，叶片带形，株型直立，花序较大。

经济价值：根茎可入药。

Arundo donax var. versicolor 变叶芦竹 禾本科芦竹属

形态特征：多年生草本，根状茎发达。高可达 6 米，坚韧，常生分枝。叶鞘长于节间，叶舌截平，叶片伸长，具白色纵长条纹。圆锥花序极大型。花果期 9—12 月。

生长习性：喜光，喜温，耐水湿，喜疏松、肥沃及排水好的沙壤土。

绿化应用：用于水景园林背景绿化，亦可点缀于桥、亭、榭四周，也可盆栽用于庭院观赏。

观赏特性：茎干高大挺拔，形状似竹；早春叶色黄白条纹相间，后增加绿色条纹，盛夏新生叶则为绿色。

经济价值：根茎可入药。

蒲苇 禾本科蒲苇属

Cortaderia selloana

形态特征：多年生草本。雌雄异株。秆高大粗壮，丛生，高 2~3 米。叶片质硬，狭窄，簇生于秆基，长达 1~3 米，边缘具锯齿状，粗糙。圆锥花序大型，稠密，银白色至粉红色；雌花序较宽大，雄花序较狭窄。花期 9—10 月。

生长习性：性强健，耐寒，喜温暖湿润、阳光充足的环境。

绿化应用：丛植或与其他植物搭配造景。

观赏特性：花穗长而美丽，壮观而雅致。

经济价值：根可入药。

184

矮蒲苇　禾本科蒲苇属

Cortaderia selloana 'Pumila'

形态特征：多年生草本，株高120厘米。茎丛生，雌雄异株。叶多聚生于基部，极狭，长约1米，宽约2厘米，下垂，边缘具细齿，呈灰绿色，被短毛。圆锥花序大，羽毛状，雌花穗银白色。花期9—10月。

生长习性：喜光，耐寒，要求土壤排水良好。

绿化应用：适合庭院栽培，丛植于岸边、石旁或配置花境。

观赏特性：株形优雅，花序长而美丽。

经济价值：根可入药。

狗牙根 禾本科狗牙根属 *Cynodon dactylon*

形态特征：低矮草本，具根茎。秆细而坚韧，下部匍匐地面蔓延生长，节上常生不定根，直立部分高 10~30 厘米。花果期 5—10 月。

生长习性：喜温暖湿润气候，抗旱、抗盐碱、抗病虫害能力强，耐瘠薄，耐践踏，耐一定的水湿。

绿化应用：片植，可栽植于道路、草坪、河道边坡等。

观赏特性：植株矮小，匍匐生长，耐践踏，是优良的草坪地被。

经济价值：作饲料用；根茎可入药。

Imperata cylindrica 'Rubra'   日本血草 禾本科白茅属

形态特征：多年生草本，株高50厘米。叶丛生，剑形，常保持深血红色。圆锥花序，小穗银白色，花期夏末。喜光或有斑驳光照处。耐热，喜湿润而排水良好的土壤。

生长习性：喜光或有斑驳光照处，耐热，喜湿润而排水良好的土壤。

绿化应用：片植，用于配置花境和色块。

观赏特性：叶色奇异，是优良的彩叶观赏草。

经济价值：根可药用。

细叶芒 禾本科芒属

Miscanthus sinensis `Gracillimus`

形态特征：多年生草本，株高 1~2 米，冠幅 60~80 厘米。叶片线形，直立纤细。花期 9—10 月，顶生圆锥花序扇形，由粉红色变为银白色。

生长习性：喜光，耐半阴，耐旱，也耐涝，适宜在湿润、排水良好的土壤上种植。

绿化应用：可与岩石配植，也可种于路旁、小径、岸边、疏林下等，极具野趣。可丛植、片植或与其他植物搭配造景。

观赏特性：姿态优美，形态多样；穗状花序顶生，长而飘逸。

经济价值：根可入药。

形态特征：多年生草本。丛生，株高 1~2 米。叶片线形，浅绿色，有奶白色条纹，条纹与叶片等长。圆锥花序深粉色，高于植株 30~50 厘米。花果期 7—12 月。

生长习性：喜光，耐半阴，耐寒，耐旱，耐涝，适应性强，不择土壤。

绿化应用：可单株种植、片植或用于花坛、花境、岩石园，可作假山、湖边的背景材料。

观赏特性：整体呈黄色；穗状花序顶生，较大，叶片带形，有纵向黄色或淡黄色条纹。

经济价值：根可入药。

Miscanthus sinensis 'Variegatus'

花叶芒 禾本科芒属

189

斑叶芒 禾本科芒属 *Miscanthus sinensis* 'Zebrinus'

形态特征：多年生草本，丛生，株高 1.7 米左右，冠幅 60~80 厘米。叶片有黄色不规则斑纹，非常亮丽。花黄色，花序紫红色。花期 9—10 月。

生长习性：喜温暖、湿润且光照充足的条件，耐半阴，耐旱，耐涝，对气候的适应性强。不择土壤，耐贫瘠。

绿化应用：在假山、湖边、河边及山石旁种植，也是庭院水景装饰的良好材料。

观赏特性：叶色奇特，观叶、观花。

经济价值：根可入药。

狼尾草 禾本科狼尾草属

Pennisetum alopecuroides

形态特征：多年生草本。须根较粗壮。秆直立，丛生，高30~120厘米。圆锥花序直立。花果期夏秋季。

生长习性：喜光照充足的生长环境，耐旱，耐湿，亦能耐半阴，且抗寒性强。

绿化应用：丛植、片植或与其他植物搭配造景，适合栽植于河道、道路边坡等。

观赏特性：春夏观叶，秋季赏色，叶片带形，长而飘逸。

经济价值：编织或造纸的原料，可入药。

芦苇 禾本科芦苇属

Phragmites australis

形态特征：多年生草本，根状茎十分发达。秆直立，高 1~3 米，直径 1~4 厘米，基部和上部的节间较短，节下被蜡粉。圆锥花序大型，雌雄同株。花果期 8—12 月。

生长习性：耐寒，抗旱，抗高温。

绿化应用：片植，适合作水岸护坡植被或背景植被。

观赏特性：生长势强健，叶片带形，株型直立，花序较大。

经济价值：芦苇是造纸工业中不可多得的原材料；芦根可入药。

Zoysia japonica　**结缕草** 禾本科结缕草属

形态特征：多年生草本。具横走根茎，须根细弱。秆直立，高15~20厘米，基部常有宿存枯萎的叶鞘。总状花序呈穗状。花果期5—8月。

生长习性：喜温暖湿润气候，抗旱、抗盐碱、抗病虫害能力强，耐瘠薄，耐践踏，耐一定的水湿。

绿化应用：片植。

观赏特性：植株矮小，匍匐生长，耐践踏，是优良的草坪地被。

经济价值：作饲料用。

鸭跖草 鸭跖草科鸭跖草属

Commelina communis

形态特征：一年生草本。茎匍匐生根，多
分枝，长可达1米，下部无毛，上部被短
毛。叶披针形至卵状披针形。总苞片佛焰
苞状，与叶对生。聚伞花序，花瓣深蓝色。
蒴果椭圆形。花期夏秋季。

生长习性：喜温暖湿润气候，喜弱光，耐旱。

绿化应用：片植或与其他植物搭配造景。

观赏特性：花苞呈佛焰苞状，观赏效果好。

经济价值：全草可入药。

无毛紫露草 鸭跖草科紫露草属

Tradescantia virginiana

形态特征：多年生宿根草本。株高30~35厘米。茎通常簇生，粗壮或近粗壮，直立。叶片线形或线状披针形。花冠深蓝色，花瓣近圆形。蒴果。花期4—10月。

生长习性：喜凉爽、湿润气候，耐旱，耐寒，耐瘠薄，忌涝，喜阳光。在中性、偏碱性土壤上生长良好。

绿化应用：花园广场、公园、道路、湖边、塘边、山坡、林间成片或成条栽植。

观赏特性：花期长，花色艳丽。

经济价值：全草可入药。

金娃娃萱草 百合科萱草属

Hemerocallis fulva `Golden Doll`

形态特征：多年生草本。叶基生，条形，排成两列，长约25厘米，宽约1厘米。株高30厘米，花葶粗壮，高约35厘米。螺旋状聚伞花序，花7~10朵。花冠漏斗形，花径约7~8厘米，金黄色。花果期5—7月。

生长习性：喜光，耐干旱、湿润与半阴，对土壤适应性强，在中性、偏碱性土壤中均能生长良好。

绿化应用：丛植、片植，适宜在城市公园、广场等绿地丛植点缀。

观赏特性：花大，金黄色；叶带形，似兰花，叶片萌发早，翠绿叶丛甚为美观。

经济价值：花可入药。

形态特征：多年生草本。叶柔软，带状，上部下弯。花葶与叶近等长或高于叶，在顶端聚生2~6朵花，苞片宽卵形，先端长渐尖至尾状，花近簇生，花被黄色、紫红、白色等。蒴果椭圆形。花期5—10月。

生长习性：喜光照，耐寒，耐旱，耐贫瘠，耐积水，耐半阴，对土壤要求不严。

绿化应用：可栽植于花坛、花境、路缘、草坪、树林、草坡等处营造自然景观。

观赏特性：花期长，花型多样，花色丰富。

经济价值：花可入药。

Hemerocallis hybridus

大花萱草 百合科萱草属

火炬花 百合科火把莲属 *Kniphofia uvaria*

形态特征：多年生草本植物，根肉质。茎着生于地下，短缩，因而整棵植株的地下部分形成一个较庞大的根茎群。叶丛生，草质，剑形。总状花序着生数百朵筒状小花，呈火炬形，花冠橘红色。种子棕黑色，呈不规则三角形。6—7月开花，9月结果。

生长习性：喜温暖湿润、阳光充足的环境，也耐半阴。

绿化应用：在路旁、街心花园、成片绿地中成行成片种植，也可在庭院、花境中作背景栽植或作点缀丛植。

观赏特性：花形、花色犹如燃烧的火把，点缀于翠叶丛中，具有独特的园林风韵。

经济价值：切花材料。

百子莲 石蒜科百子莲属

Agapanthus africanus

形态特征：多年生草本，具鳞茎，株高30~60厘米。叶线状披针形或带形，近革质，从根状茎上抽生而出。花葶粗壮，直立，高60~90厘米，花10~50朵排成顶生伞形花序，花被合生，漏斗状，鲜蓝色。蒴果。花期6—9月。果熟期8—10月。

生长习性：喜温暖、湿润且阳光充足的环境。

绿化应用：丛植、片植或用作岩石园和花境的点缀植物。

观赏特性：花蓝色，形成一个蓝色花球，花形秀丽，优雅别致。

形态特征：多年生球根植物。鳞茎卵球形，直径约4厘米。春季出叶，叶带状。伞形花序有花5~6朵，花黄色，雄蕊与花被近等长或略伸出花被外，花丝黄色，花柱上端玫瑰红色。花期7—8月，果期9月。

生长习性：喜阳光充足、潮湿环境，但也能耐半阴和干旱环境，稍耐寒，生命力颇强，对土壤无严格要求。

绿化应用：林下地被花卉，花境丛植或山石间自然式栽植。或片植，与其他植物搭配造景。

观赏特性：花大，色艳丽，十分美观。

经济价值：石蒜全草含石蒜碱、加兰他敏、力可拉敏等，可用于制药。

中国石蒜 石蒜科石蒜属 *Lycoris chinensis*

200

Lycoris longituba 长筒石蒜 石蒜科石蒜属

形态特征：多年生球根植物。鳞茎卵球形，直径约 4 厘米。早春出叶，叶披针形。花茎高 60~80 厘米，伞形花序有花 5~7 朵，花白色。雄蕊略短于花被，花柱伸出被外。花期 7—8 月。

生长习性：耐半阴和干旱环境，稍耐寒。

绿化应用：林下地被花卉，花境丛植或山石间自然式栽植。或片植，与其他植物搭配造景。

观赏特性：花大而美丽，观赏价值高。

经济价值：石蒜全草含石蒜碱、加兰他敏、力可拉敏等，可用于制药。

石蒜 石蒜科石蒜属

Lycoris radiata

形态特征：多年生球根植物。鳞茎近球形，直径 1~3 厘米。秋季出叶，叶狭带状。伞形花序有花 4~7 朵，花鲜红色。花期 8—9 月，果期 10 月。

生长习性：喜湿润环境，耐寒，耐旱，耐瘠薄，对土壤要求不严。

绿化应用：作背阴处绿化或林下地被花卉，花境丛植或山石间自然式栽植。或片植，与其他植物搭配造景。

观赏特性：冬季常绿，冬赏其叶，秋赏其花，是优良宿球根草本花卉。

经济价值：石蒜全草含石蒜碱、加兰他敏、力可拉敏等，可用于制药。

德国鸢尾 鸢尾科鸢尾属

Iris germanica

形态特征： 多年生草本。叶直立或略弯曲，淡绿色、灰绿色或深绿色，常具白粉，剑形。花茎光滑，黄绿色。花色因栽培品种而异，多为淡紫色、蓝紫色、深紫色或白色，有香味；花被管喇叭形。花期4—5月，果期6—8月。

生长习性： 喜温暖、稍湿润且阳光充足的环境，对土壤要求不严，抗旱、抗寒能力强。

绿化应用： 丛植、片植及用于布置花坛、花境。

观赏特性： 叶丛美观，花大色艳，花色丰富，是极好的观花地被植物。

喜盐鸢尾 鸢尾科鸢尾属

Iris halophila

形态特征：多年生草本。叶剑形，灰绿色。花茎粗壮，花黄色。蒴果椭圆状柱形。花期5—6月，果期7—8月。

生长习性：喜温凉气候，耐寒性强，耐盐碱。

绿化应用：丛植或片植及作花境。

观赏特性：叶色优美，花枝挺拔。

经济价值：茎、花及种子可药用。

马蔺 鸢尾科鸢尾属

Iris lactea

形态特征：多年生密丛草本。根状茎粗壮。叶基生，条形或狭剑形。花茎光滑，花为浅蓝色、蓝色或蓝紫色，花被上有颜色较深的条纹。花期5—6月，果期6—9月。

生长习性：喜阳光，稍耐阴，耐高温、干旱、水涝、盐碱，是一种适应性极强的地被花卉。

绿化应用：丛植或与其他植物搭配造景。

观赏特性：色泽青绿，花淡雅美丽，花蜜清香。

经济价值：根、叶、花与种子均可药用。

黄菖蒲 鸢尾科鸢尾属

Iris pseudacorus

形态特征：多年生草本。基生叶灰绿色，宽剑形，顶端渐尖，基部鞘状，色淡，中脉较明显，茎生叶比基生叶短而窄。花茎粗壮，有明显的纵棱，上部分枝。花黄色。花期5—6月，果期6—8月。

生长习性：喜温暖水湿环境，喜肥沃泥土，耐寒性强。

绿化应用：丛植、片植或与其他植物搭配造景，是难得的水旱两用植物。

观赏特性：叶片翠绿如剑，花黄色，花姿秀美。

经济价值：根茎可入药。

Iris tectorum 鸢尾 鸢尾科鸢尾属

形态特征：多年生草本。根状茎粗壮，斜伸。叶基生，黄绿色，稍弯曲，中部略宽，宽剑形。花蓝紫色，蒴果长椭圆形或倒卵形。花期4—5月，果期6—8月。

生长习性：喜阳光充足环境和凉爽的气候，耐寒力强，亦耐半阴环境。

绿化应用：是花坛及庭院绿化的良好材料，也是常用地被植物。

观赏特性：叶片碧绿青翠，花形大而奇，宛若翩翩彩蝶。

经济价值：花香气淡雅，可以调制香水；根状茎可作中药，全年可采，具有消炎作用。